是时候了，

向遗憾的人生

告别

遗憾心理

中 华——编著

中国纺织出版社有限公司

内 容 提 要

胆怯和懦弱，是阻碍我们实现成功人生的最大阻碍，因为这会使我们接受命运的安排，随波逐流地过一生。然而，这样的人生是遗憾的，突破现状的唯一方法就是积极改变、向昨天的自己告别。

本书从心理学的角度，帮助那些正处于迷茫中的读者朋友们直面当下的自己，直面内心的弱点，找到改变自己的最佳方法，进而让自己的人生不留遗憾。其实，改变自己并没有想象的那么难，当你真正付诸行动时，一切就顺其自然了。

图书在版编目（CIP）数据

遗憾心理：是时候了，向遗憾的人生告别 / 中华编著. --北京：中国纺织出版社有限公司，2024.5
ISBN 978-7-5229-1488-6

Ⅰ. ①遗… Ⅱ. ①中… Ⅲ. ①人生哲学—通俗读物 Ⅳ. ①B821-49

中国国家版本馆CIP数据核字（2024）第052407号

责任编辑：张祎程　　责任校对：王蕙莹　　责任印制：储志伟

中国纺织出版社有限公司出版发行
地址：北京市朝阳区百子湾东里A407号楼　邮政编码：100124
销售电话：010—67004422　传真：010—87155801
http://www.c-textilep.com
中国纺织出版社天猫旗舰店
官方微博 http://weibo.com/2119887771
天津千鹤文化传播有限公司印刷　各地新华书店经销
2024年5月第1版第1次印刷
开本：880×1230　1/32　印张：7
字数：105千字　定价：49.80元

凡购本书，如有缺页、倒页、脱页，由本社图书营销中心调换

前言

生活中,当被问及"你对现在的生活满意吗?你对现在的人生满意吗?如果继续这样生活,你会遗憾吗?"相信不少人都会说:"不满意,这不是我想要的人生!"而当你告诉他应该做出改变时,他们又退缩、迷茫了。

不得不说,生活中,有太多的人把一生浪费在了等待中,他们白白浪费了宝贵的生命。多少人曾经是一个英姿飒爽的少年,如今已步履蹒跚,但内心仍充满遗憾。如果你不想重蹈他们的覆辙,你就要告诉自己,选择去尝试,勇敢一点,才不会后悔。

其实,每一个人的心中都有梦想,都有自己向往的生活,但如果你不改变,你就只能在一片幻想的迷途中越陷越深,因为成功与胆量有着很大的关系。那些在取得了一点成就后就安于现状、只求平稳的人,最终只能陷于平庸。有胆量,敢于改变自我、破釜沉舟的人,才会置之死地而后生,实现新的突破。所以,生活中的年轻人,喜欢一件事,就开始去做吧。即使此时只能把它当成业余爱好,但只要坚持去做,点滴积累,终有一天，它会成为你的专长，成为你的看家本领。你要相信，你最愿意做的那件事，才是你真正的天赋所在。

人生需要选择，需要你果敢地去拼搏，去行动，去做自己该做的事情，哪怕你很担心，哪怕你很犹豫，但如果摆在你面前的路是正确的，你就要立即行动起来。

人生就是如此，只要你敢于跨出第一步，去做你想做的事，你就能获得源源不断的动力，朝着目标不断迈进，最终收获一番成就。

现在，你是否如梦初醒，是否希望重新规划自己的人生，是否想立即去实现曾经没有做过的事，但突然又觉得无从下手？本书是一本给人力量、促人奋进、充满正能量的书。它告诉我们，人生短暂，一定要不留遗憾，要敢于突破自己，不患得患失，该出手就出手。看完本书，你会找到自己热爱的事业，最终驾驭自己的人生，实现自己的价值。

编著者

2023年10月

目录

第1章　勇于改变，别在安逸的环境中浪费青春了

走出迷茫，尽早发现你想要的人生 … 002

青春美好，但也很脆弱 … 005

年轻时，就要找到你将为之奋斗一生的目标 … 009

年轻时失去什么，都不能失去勇气 … 011

趁着岁月静好，勇敢地去爱 … 015

第2章　是时候，向遗憾的人生递交辞呈了

认准了那条路，就勇敢往前走 … 018

去做你想做的事，就能获得源源不断的动力 … 022

身体和灵魂，总有一个在路上 … 024

静下心来，对自己做一个全面的分析 … 028

常反躬自省，别迷失自己 … 031

第3章　跨出你的第一步，走出你精彩的人生路

绝不懈怠，始终保持积极进取的状态 … 036

稍做等待，就有可能出现转机 … 040

最关键的是，你未来往哪里走 … 044

始终相信，接下来一定是美好的事 … 048

你热爱生活，生活才会呈现美好的姿态 … 053

第4章　人生且长，只要改变何时都不晚

只要你想做，永远都不晚 … 058

只要现在去做，就没有什么来不及 … 061

五年后你会遗憾吗 … 065

梦想之旅，任何时候都可以开始 … 069

尽早为你的未来做打算 … 073

第5章　很多事如果现在不做，可能一辈子都做不了

在人生不同阶段，享受相应的人生乐趣 … 078

独立自主，决定你自己的人生 … 081

不断摸索和尝试，找到自己的人生方向 … 086

付出比他人更多的努力，变劣势为优势 … 090

兴趣是你优势的起点 … 093

第6章　你不马上行动，只能在遗憾的泥潭里越陷越深

不但要有想法，更要有行动 … 098

不做懒汉，立即行动起来 … 103

今日事今日毕，别总是拖到明天 … 108

立即行动，不耽误一秒钟 … 112

做事要有计划，别陷入杂乱无章中 … 117

事情要分轻重缓急，别眉毛胡子一把抓 … 122

第7章　默默前行，成功者都有一段寂寞的时光

是时候告别浑浑噩噩的人生了 … 128

从容不迫，随遇而安 … 132

你只需要努力，岁月会给你答案 … 137

坚持，能让你产生蜕变的力量 … 140

屏蔽外界打扰，专注手头工作 … 145

第8章　一步一个脚印，认认真真走完你认准的路

跳出条条框框，学习的真正目的是应用 … 150

成功是优秀习惯的积累 … 154

学无止境，终身学习 … 158

解放思维，灵活应变 … 161

你拥有的知识越多，越能赢得成功 … 166

第9章　你真正需要打败的，是内心懦弱的自己

战胜了自己，你将无所畏惧 … 172

尝试你未涉足的领域，能获得勇气 … 176

超越自卑，别让它阻挡你前行 … 180

无论如何，不要怀疑你的信念 … 184

除非你放弃，否则你就不会被击垮 … 188

第10章　以梦为马，你终会抵达理想的彼岸

找到你的奋斗目标，再找到行动的方法 … 194
始终热爱你的工作，你就是为成功添砖加瓦 … 198
有勇有谋，年轻人做事不能蛮干 … 203
跳出思维限制，你将看到全新的世界 … 208
忙碌，不是停止学习的借口 … 212

参考文献 … 215

第1章

勇于改变，
别在安逸的环境中浪费青春了

众所周知，世间最抵挡不住的就是时间的流逝。青春是美好的，是热血的，青春痛苦并快乐着，但青春易逝，须臾间年华老去。任何一个年轻人，都要在年轻的时候开始为未来打算，人生初期，一定要努力学习。因为诸事蒙昧，难免摸索。任性地拒绝学习，就是冒险，因为赌的是后来的人生，自己也失去了改变的可能。

走出迷茫，尽早发现你想要的人生

有人说，青春就是一条长长的路，就像一条奇幻之旅，我们完全预料不到接下来会发生什么，我们时而开心大笑，时而忧伤，这条路上充满了悲欢离合、成功失败，我们会经历风雨的洗礼，也会获得他人的掌声，但当我们再回头望时，会发现那条路是如此迷茫，经常迷茫得让人不知所措。你想成为一个干练的成功者，却总是做出不成熟的举动；你想维系一段关系，却发现自己总是做不好，但终究你总算是走过来了，时间过去了，我们也跟青春告别。

我们每个人的青春都不同，但都是迷茫的、困惑的，这也是青春本该有的过程，在迷茫和困惑过后，我们都能找到自己想要走的那条路。所以，如果你正在走青春这条路，请不要担心，也不要害怕犯错，听从内心的声音即可。

然而，生活中，不少人看似忙碌，实则迷茫，他们不知道自己到底喜欢什么，不知道自己到底想要什么样的生活。他们从读书到工作，从少年到青年，总是按照父母长辈们规划好的路线去走，他们不敢有自己的想法，也习惯了听从别人的意见，在他人眼里，也许他们是成功的，三十出头的年纪，工作稳定、有房有车、家有妻儿，一切行进得很平稳。然而，每当独处时，他们总是感到十分落寞、怅然若失，似乎自己的生命里缺少了些什么，他们有时甚至突然感到活得毫无意义，不知道自己身在何处，无法安宁。

也有一些人，他们的生活和境遇是完全不同的，他们认为，即便失去全世界，也不能失去自己热衷的事业，每当他们沉浸在自己爱好的事情中时，便能忘记全世界。即便他们没车没房，也没有令人羡慕的高学历、高收入，但是他们过得十分充实和快乐。

可能现在的你也有困惑，或许你有着固定的工作，但是每天没有热情、提不起兴趣，你也许会犹豫要不要放弃稳定的工作去做自己喜欢的事情。

人的一生，能找到自己喜欢的事情是幸运的。做自己喜欢的事，才会生活得有趣，才可能成为一个有意思的人。当你能不计功利地全身心做一件事情时，你所感受到的愉悦和成就感其实就是最大的收获。你会是开心的、满足的，你会生活得更美好。

  青春就是个迷茫的年纪，磕磕碰碰不可怕，可怕的是你宁愿安于现状，也不愿意追随自己的内心，去寻找自己热衷的事业，这是一件悲哀的事。永葆激情，不断摸索，不怕失败，最终你会找到属于自己的一条路，做出成就。

青春美好,但也很脆弱

曾经有人说过这样一句话:"爱你现在的时光。"这句话告诉所有年轻人,一定要过好当下的生活,一定要充实内心,丰盈自己。青春是美好的,在青春的岁月里,我们满怀激情和梦想,对未来憧憬着,为梦想奋斗着;但青春同样是短暂的、脆弱的,我们固然有年轻的资本,但这个资本不是拿来挥霍的,而是拿来珍惜的,拿来充实自己的。只有珍惜每一天的时间学习,从一点一滴累积好成功的资本,你才会问心无愧。事实上,中国人珍惜时间、努力学习的品质,自古有之。

李贺是一位遭遇不幸的天才诗人,但他懂得珍惜有限的生命。

很小的时候,他就满腔抱负。他曾经吟诗明志:"少年心事当挐云。"他酷爱读书,勤于写作,就连出门骑在驴上的时候,也经常吟诗思考。母亲曾十分疼爱地责备他:"你一定要把心血呕出来才罢休吗?"

当时,和他同龄的一些纨绔子弟,整日里花天酒地、不思进取。年轻的李贺非常看不惯,便作诗殷切劝诫,诗中写道:

少年安得长少年,海波尚变为桑田。

荣枯递传急如箭,天公不肯于公偏。

莫道韶华镇长在,发白面皱专相待。

李贺规劝那些少年们不要虚度光阴。他指出:"少年安得长少年,海波尚变为桑田。"岁月如梭,光阴似箭,时间对于任何人来说都是公平的,即使现在的你正值青春年华,但青春并不是永驻的,因此,你必须趁早学习,抓住平日的每分每秒,积淀人生,充实自我。

青春是人生中最美好的年华,是生命中精彩的花季,也是我们最脆弱的时期。在这段时光里,每个人都开始走向成熟,但同时,一些问题接踵而至。有些人等到青春已逝才发现,原来自己虚度了太多光阴,昔日溢满笑意的脸上不知何时愁眉不展,阴云密布,或忧虑,或彷徨,不再有当初的笑容,只因被如今的现实束缚了脚步。走向成熟的我们更渴望个性的张扬,但不断徘徊着,我们发现,青春就这样消失了。

"盛年不重来,一日难再晨。及时当勉励,岁月不待人。"青春那么美好,却又如此短暂,也许你对明天充满了憧憬，也许你对未来满怀着希望，可是如果没有今天的努力和奋斗，理想就会成为永远的泡影。

然而，一些年轻人总是悲叹青春易逝，人生几何，但依然不奋起直追，不愿努力，依旧得过且过，无所作为，以致虚度光阴，怨天尤人。无论什么年纪，每个人都有自己的理想，并渴望成功，而最终能成功的人只不过是极少数，大多数人只能与成功无缘，他们不能成功是因为他们往往空有大志却不肯低下头、弯下腰，不肯静下心来努力学习、从身边的本职工作开始积聚自己的力量。要知道，只有一步一个脚印，踏实、不浮躁地学习，才能为成功奠定基础。而实际上，这正是生活中的一些年轻人所欠缺的，有些时候，他们总是怨天尤人，给自己制订那些虚无缥缈的目标。

美国前总统威尔逊出生在一个贫苦的家庭中，当他还在摇篮里牙牙学语的时候，贫穷就已经向他露出了严酷面孔。威尔逊10岁的时候就离开了家，在外面当了11年的学徒工，每年只能接受一个月的学校教育。

在经过11年的艰辛工作之后，他已经设法读了1000本好书——这对一个农场里的孩子，是多么艰巨的任务啊！在离开农场之后，他徒步到160公里之外的马萨诸塞州的内蒂克去学习皮匠手艺。

度过了21岁生日的第一个月以后，他就带着一队人马进入了人迹罕至的大森林，在那里采伐圆木。威尔逊每天都是在天际的第一抹曙光出现之前起床，然后一直辛勤地工作到星星出来为止。在一个月夜以继日的辛劳之后，他获得了6美元的报酬。

在这样的穷途困境中，威尔逊暗下决心，不让任何一个发展自我、提升自我的机会溜走。很少有人能像他一样深刻地认识到闲暇时光的价值。他像抓住黄金一样紧紧地抓住了零星的时间，不让一分一秒从指缝间白白流走。

12年之后，他脱颖而出，开始了他的政治生涯。

威尔逊的成功，就是勤奋学习的结果。学习是向成功前进的阶梯。而当今社会，竞争的日益激烈告诉每个朋友，只有知识才能改变命运，只有学习才能突破现状，让自己具备竞争力。

因此，别让未来的你讨厌现在的自己，今天不过去，明天就不会到来，再伟大的理想，如果没有每天的累积，也会倾塌。现代社会，知识改变命运这个道理早已毋庸置疑，时代正在急速发展，各种技术日新月异，社会已经对生活在这个时代的人提出了新的学习要求，但无论何时，勤奋永远是任何一个年轻人应该摆在第一位的学习态度。如果你没有时刻学习的意识，不通过学习了解掌握新技术，那么你必然跟不上时代的发展。

年轻时,就要找到你将为之奋斗一生的目标

生活中,我们常说,年轻就是力量,年轻就是该奋斗的年龄。作为一个年轻人,如果你希望自己在未来有所成就,就要从现在开始努力,努力创造自己想要的生活,如果你甘于平淡、安于现状,那么最终也只能是不思进取,一生碌碌无为。

有些年轻人可能认为,我不够聪明,天性愚钝,已经过了努力的年龄,我怎么可能会成功?在这种心态下,他们甘愿庸庸碌碌,看不到自身蕴藏的无限潜能,也失去了努力的动力。而实际上,任何时候,只要你愿意付出努力,你都可以做出一番成就。

诺贝尔经济学奖获得者萨缪尔森教授曾经说过:"人们应当首先认定自己有能力实现梦想,其次才是用自己的双手去建造这座理想大厦。"对年轻人来说,他们总会有这样那样的人生憧憬和理想,如果你能将一切的憧憬都抓住,你就能实现理

想，也就能取得事业上的成就，拥有灿烂的人生。然而，生活中，我们看到的多半是碌碌无为的人，他们往往与自己的梦想渐行渐远，这是为什么呢？因为他们都认为梦想始终是梦想，是遥不可及的，并且，他们还会给自己找很多的理由，比如，我学历不高、竞争太激烈、太冒险了、没有时间、家人不支持我……而这些其实都是缺乏意志力的人为自己找的冠冕堂皇的借口。别忘了那句最常听见却最容易被忽略的话：事在人为。事实上，如果你下定决心行动，你就能做到。著名文学家爱默生曾经说过："一心向着自己目标前进，行动起来的人，整个世界都会给他让路。"所以，有了目标，就要立即行动起来！光说不练，纸上谈兵，拖延应付，只会让目标成为一个梦。

生活中的年轻人，也许你也曾有过梦想，但紧张的工作、学习、生活，可能会让你搁浅心中的梦想。但你会发现，正是因为你失去了梦想，才会显得无力，没有热情。任何人的潜能只有在具有前进的动力时，才会被最大限度地激发出来。因此，不要犹豫，从现在开始努力，为理想奋斗，你的人生才会快乐精彩。

总之，没有艰辛，便无所获，年轻就是吸收知识、积淀自己的阶段，任何一个年轻人都要告诫自己，一个人只有尽早树立目标，才能找到努力的方向，才能尽早付诸行动。因为目标不会凭空实现，不采取具体行动，就不可能发生任何改变。

年轻时失去什么,都不能失去勇气

有这样一句话值得人们思考:"前半生不要怕,后半生不要后悔。"这句话告诉所有处于人生初始阶段的年轻朋友们,在年轻的时候,你应该敢想敢做,要有冒险精神。一马平川的人生之路可能会比较顺利,但绝不会有所作为,只有勇气才能让你在机遇面前敢于尝试,敢于冒险,才能得到别人所得不到的。而到了年迈之时,我们要学会放平心态,以坦然之心接受一切结果。

年轻就是资本和力量,现在的你正是"初生牛犊不怕虎"的年纪,凡事都应该积极进取,你要记住,无论你失去什么,都不能失去勇气。现在的你只有敢想敢闯,在年迈的时候才不会留下遗憾。而勇气的获得并不容易,需要你在日常生活中逐渐培养。初入社会的你,从现在起,无论是在工作还是生活中,都要有敢拼敢做的精神。要知道,如果胆小怕事,就不可能获得成功。风险中肯定有困难，但困难中蕴藏着巨大的机会。

年轻的朋友，你应该意识到，各种变化已经在我们身边悄然出现，勇敢地投身于其中的人也越来越多了。如果你不积极行动起来，缺乏竞争意识、忧患意识，安于现状、不思进取，就会被时代所抛弃，被那些敢于冒险的人远远甩在后面。因此，你现阶段应该把眼光重点放在培养自己的冒险精神上。

未来的社会将变成一个复杂的、充满不确定性的高风险社会，如果人类自由行动的能力总在不断增强，那么不确定性也会不断增大。

狄奥力·菲勒并非出身贵族和官宦之家，相反，他生于贫民家庭，但他在幼时就表现出了与众不同的财富眼光。

很小的时候，他做了第一笔生意。那时，他想买玩具，可是又没钱，于是他把从街上捡来的玩具汽车修好，让同学玩，然后向每人收0.5美元。不到一个星期，他挣到的钱就能买一辆新的了。从这件事中，他收获颇多。

成年后的菲勒更是有着惊人的生意头脑。一次，日本的一艘货轮遇到了风暴，船上的一吨布料被染料浸湿，上等的布料瞬间变成没人要的废品，面对这种情况，货主打算把这些布匹都扔了。菲勒听到这个消息后，马上找到货主，表示愿意免费把这批废品处理掉，货主非常感激。得到这些布料后，他就把布料做成了迷彩服装。这笔生意让他赚到10万美元。

再后来，菲勒用10万美元买了一块地皮。一年后，新修建的环城路在那块地附近经过，一位开发商用2500万美元从他手中买走了那块地。

菲勒的思维是与众不同的，他有一双发现财富的慧眼，能够在别人司空见惯的东西上发掘商机，这是菲勒最可贵的创业资本，也是他成功的秘诀。不过，我们更佩服的是他的勇气，那就是敢想并敢做。一个人，即使有再多的想法并信誓旦旦，如果不付诸实施，那也是徒劳。

每个年轻人都应将"恰同学少年，风华正茂，挥斥方遒"作为自己的座右铭。其实人的一生就是一场冒险，走得最远的人往往是那些愿意去做、愿意去冒险的人。我们都要相信自己会有所作为，只要你鼓起勇气，尝试第一步，你就是真正的勇者。

当然，人的一生，不能只有勇气，还要有淡然的心，尤其是当我们年迈的时候，当我们回过头来看曾经的经历时，无论怎样都不再后悔，得失坦然，方为人生最高境界。

曾经有这样一个古老的部落，部落的人们世世代代过着安稳的生活，从没离开过。但是，有一任优秀的酋长，他发誓要让部落的年轻小伙子们都走出去，到外面的世界去闯出一片新的天地。他对那些孩子们说："你们都走吧，把你们的父母、妻子、孩子都交给我，尽可能地去探索外面的世界吧。也许你们安稳固定的生活秩序被打乱了，但是同时你们的生活也多了一种可能，多了一份精彩。"他说："我给你们六个字，前三个字先写给你们，都带着走，在遇到困顿的时候看一眼，去闯荡你们的前半生；后半生回来取后三个字。"

这些孩子都走了，当他们一次一次经历磨难的时候，打开纸条就只有简单的三个字，就是"不要怕"。什么事都不要怕，往前走，你总有一天会走出一条路来。只要有一线光明，一线生机，就要不断坚持。

几十年过去，很多人在各个领域取得了成功。等到他们回来的时候，老酋长早已过世，但是他留下了后三个字，说等他们回来的时候再打开。这后三个字是"不要悔"。也就是说，人的前半生"不要怕"，一切有可能的事情都要勇敢地去做；后半生"不要悔"，所走过的每一步都值得，接受一切结果，这就是一种坦然。

趁着岁月静好，勇敢地去爱

自古以来，"爱情"都是人们喜欢谈论的话题，人类文学史上流传着无数凄婉哀怨、让人断魂的爱情经典。曾经有人说："总有那么一些事，你从不后悔，但也再不愿重新来过。"这描述的大概就是爱情。这句话也许是要告诉所有的年轻人，趁时光还在，岁月静好，请勇敢爱。

生活中的年轻人，也许你身经百战，也可能你涉世未深，但是对于爱情，没有人能否认它的存在。

有人说，爱情就像冬日的暖阳，当你觉得寒冷的时候，它能温暖你的身心；有人说，爱情就像黑暗中的路灯，在迷茫中能够给你希望，引导你前行，并给予你源源不断的力量；有人说，爱情是一种习惯，当有人在身边时，你会习惯一直付出着爱，也会习惯爱人对你温暖的爱。

所以，不要徘徊不定了，趁着你们还年轻，牵起彼此的手，去看最想看的风景。趁着你们彼此还相爱，制造一些温暖的回忆。当你们青春不再、容颜老去的时候，当你们依偎在一起回忆过去的时候，依然能够让彼此嘴角上扬。也许你们会拌嘴，也许你们会冷战，但是时光流过的小路上，留在你们记忆里的不会有争吵，不会有伤疤，那里最终存留的是一起吃苦的幸福，一起牵手的浪漫。

像个孩子一样去爱吧，别再被那些情感专家的长篇大论左右自己的理智，也别再顾虑。如果你真的爱了，就别再等待，也别让爱人等待，如果爱一个人，哪怕让对方多等一分钟，自己都会心疼。所以如果爱了，便去告白，便去行动。如果爱了，便要学会愿赌服输。爱情并不残酷，何必自我放逐。

趁着岁月静好，勇敢地去爱吧。不要等到时机消逝，再为那份错过的爱而懊恼、哭泣。我们终将奔赴一场名为爱的约会，哪怕最后只剩回忆。

第2章

是时候，
向遗憾的人生递交辞呈了

人生处处有遗憾，错失的机遇、失败的选择、错过的风景、没有好好珍惜的感情……但我们最大的遗憾，往往是没有重新开始的勇气。种下一棵树的最好时间是十年前，其次是现在，如果我们想要弥补遗憾，鼓起勇气重新开始，现在就是最好的时机。因此，我们不妨冷静下来，认识一下真正的自己，如果你觉得现在的人生有太多遗憾，如果你觉得前方的道路并不是你所期待的，不妨重新去寻找自己想要的人生吧！

认准了那条路，就勇敢往前走

每一个年轻人都心存梦想，都有自己向往的生活，但如果你畏首畏尾、只是幻想而不付诸实践的话，就只能在一片迷途中越陷越深。因为成功与胆量有着莫大的关系，有胆量的人才有资格拥有成功。

勇敢是任何一个年轻人必不可少的品质。要取得成就有很多必要条件，其中一条非常重要，那就是勇气。然而，在现实生活中，有这样一些年轻人，他们刚开始时都满怀理想，但在社会上打拼几年后，就越发感到衣食住行的重要性，于是，在获得了一份稳定的工作之后，往往就会在时间的流逝中失去进取的勇气，无奈地满足于眼前的一切。

看那些成功者的历史，我们不难发现，他们即使到了山穷水尽的地步也没有失去勇气，他们会选择背水一战，尽管知道前面的路十分凶险。但他们更知道，不冒险就做不到破釜沉舟，没有这一步，人生就是一潭死水，淹没的是一个人的挑战性和创造性。

人有时最难以突破的，就是自身的局限性。这就是为什么那些处于困境中的人比那些已经取得温饱的人更有作为。想迈开脚步大干一场，却又不舍得抛开自己现有的温饱保障，如此瞻前顾后，必定无所作为。

早川德次是日本著名的早川电机公司的董事长，这家公司因为生产著名的夏普电视机而闻名于世，而早川德次却是一个命运坎坷的人。在小学二年级时，他的父亲就去世了，他不得不去一家首饰加工店当童工。

早川是个坚强的人，在很小的时候，他就告诉自己："即使我没有疼爱我的长辈，我也一定要努力生活，做出一番成绩来。"

童工生活是辛苦的，他每天在首饰店的工作除了烧饭、带孩子，就是干一些体力活。时间过得很快，一晃四年过去了，有一次，早川终于鼓起勇气向老板提出："老板，请您教我一些做首饰的手工好吗？"

老板一听，生气地对他说："小孩子，你能干什么呢？你喜欢学的话，自己去学好了！"

早川一想，是啊，为什么要靠别人，自己去学吧。从那以后，他开始留心店里的技术活，尤其是当老板找他帮忙时，他都尽量多看、多想。这样，他终于靠自己的努力学到了一些关于工作的知识和技能。

功夫不负有心人，他成了一个耳聪目明的人，他18岁就发明了裤带用的金属夹子，22岁时发明了自动笔。他有了发明，老板便资助他开了一家小工厂。

早川发明的自动笔很受大众喜爱，风行一时，也为他赚取了事业的第一桶金。在他30岁赚到1000万日元以后，他就把目标转向收音机界，设立了早川电机公司。

早川德次能够成功，正是因为他能够把梦想落实到实践上。也许现在的你也有很多梦想，你可能希望自己能成为一位著名企业家、人民教师、歌唱家等，但理想不同于妄想和幻想，你一定要有勇气，敢于追逐自己的梦想，要立即去做，这样，你离梦想就不远了。

生活中，人们都渴望得到成功，渴望开创自己的事业，但每当考虑到会有失败的可能，他们就退缩了。因为他们怕被扣上愚昧的帽子，遭到别人取笑；他们不敢否认，因为害怕自己的判断失误；他们不敢向别人伸出援手，因为害怕一旦出了事情会被牵连；他们不敢暴露自己的感情，因为害怕自己被别人看穿；他们不敢爱，因为害怕要冒不被爱的风险；他们不敢尝试，因为要冒着失败的风险；他们不敢希望什么，因为他们怕失望……这些可能会遇到的风险，让那些不自信的人们，举步维艰，茫然四顾，不知道自己的出路在何方。殊不知，人生中最大的失败就是不冒险，畏首畏尾只会让自己的人生不断倒退。

在现代社会中，没有超人的胆识，就没有超凡的成就。在这个时代，墨守成规、缺乏勇气的人，迟早会被时代抛弃。处处求稳，时时都给自己留有退路，这是一种看似稳妥却充满潜在危机的生存方式。要想拥有自己想要的生活，你就要勇敢地踏上心中向往的那条路。

去做你想做的事，就能获得源源不断的动力

生活中，我们常听到人们说"人生苦短"，每个人都希望获得幸福。其实，大多数人的一生要求很简单，做着自己喜欢的事情，与自己喜欢的人在一起，便是莫大的幸福。然而实现这种幸福并不容易。

伊丽莎白82岁从哈佛大学毕业。她之所以能成为哈佛人敬重的对象，并不是因为她已年迈，而是因为她有一颗勇敢的心。

1941年，伊丽莎白就从高中毕业了，之后，她陆续生了4个孩子。后来，她成为哈佛大学健康服务部门的员工，在哈佛大学工作。她被学校这种浓厚的学术氛围感染，慢慢地，她开始穿梭于各个课堂之间，旁听各种课程。

就这样过了很多年，伊丽莎白并没有正式成为哈佛的学生，因为她认为自己根本没有能力完成这么多课程。然而，她

的同事和同学都鼓励她,这让她产生了争取学位的念头。

此时的伊丽莎白已经73岁了,对于这样年纪的人,安享晚年大概是最好的选择,但伊丽莎白不甘心,她告诉自己,一定不能就这样放弃。于是,她再次鼓起勇气,走进了哈佛的课堂。为此,她给自己制订了十年的目标,也就是要在83岁之前从哈佛毕业。

满脸皱纹的伊丽莎白在哈佛工作了25年,学习了20年,攻读了9年学位,最终赶在自己的孙女之前获得了本科学历,她的勇气和坚持终于让她有所收获。

在哈佛,伊丽莎白可谓是一位独特的学生。很多教授都将伊丽莎白的事迹作为案例,鼓舞学生树立信心、果敢尝试,走属于自己的路。

有句话说得好:"选择你所爱的,爱你所选择的。"为了培养你对工作的热情,首先,在择业之前,你应该考虑自己的兴趣。一般情况下,如果你真的不喜欢自己所做的事情,对它缺少积极性,那么不管你得到的薪水有多高,不管你的职业生涯攀上了多少高峰,都是不快乐的。

身体和灵魂，总有一个在路上

"世界那么大，我想去看看。"这句话说出了多少困于城市中年轻人的心声，忙碌的工作、烦琐的生活，让原本年纪轻轻的人们疲惫不堪，但你可曾问过自己，这是你想要的生活吗？

人生不会重来，现在想去做什么就去做，不要等到年老了再后悔。仔细想想，我们的压力主要源于三个方面：工作、经济、健康。每天面对这些烦琐的问题，难免产生不良情绪。于是，越来越多的人在寻找减压的方法。

曾经有人说过，或读书，或旅行，身体和灵魂，总要有一个在路上。读书可以让我们增长知识，旅行可以让我们开阔视野，我们在增长见识的同时会发现某些更符合自己内心愿望的爱好，而且亲眼见过就比道听途说更有触动性。

人的灵魂不能浅薄、庸俗、无聊，它永远在追求高尚，而使之高尚的重要渠道就是读书。书是使人类进步的阶梯；书是智慧的殿堂，是金玉良言的宝库，珍藏着人类思想的精华。此外，读书可以净化我们的心灵，当我们内心浮躁不安的时候，不妨让自己徜徉在书的海洋中，你会发现，文字是世界上最美妙的东西。

我国著名经济学家、《资本论》最早的中文翻译者王亚南，从小就酷爱读书。他在读中学时，为了争取更多的时间读书，特意把自己睡的木板床的一条腿锯短半尺，成为三脚床。每天读到深夜疲劳时，上床去睡觉时在迷糊中一翻身，床向短脚方向倾斜过去，他一下子惊醒过来，便立刻下床，伏案夜读，天天如此，从未间断。结果他年年都取得优异的成绩，被誉为班内的"三杰"之一。

1933年，王亚南乘船去欧洲。半途中，突然刮起了大风，顿时巨浪滔天。当时，王亚南正在甲板上看书，他的眼镜已经被风吹走了，他赶紧求助于旁边的服务员说："请你把我绑在这根柱子上吧！"

听到王亚南的话，服务员不禁笑了起来，因为他以为王亚南是害怕自己被巨浪卷到海里去。谁知道，当他真的将王亚南绑在柱子上时，王亚南居然翻开书，聚精会神地看起书来。船上的外国人看见了，无不向他投来惊异的目光，连声赞叹说：

"啊！中国人，真了不起！"

我们每个人都应该学习王亚南的读书精神，并要在生活中逐渐培养读书的习惯，长此以往，你必定会爱上阅读。

多读些书吧，读些好书。会读书的人都是身心健康的人，因为，书能给我们带来心灵最深处的滋养，当你被尘世烦扰的时候，书会带我们步入一个世外桃源，一个脱离了纷扰现实的精神殿堂。

书是知识的海洋，其实，爱上阅读并不是什么难事，关键是你要知道读什么书，怎么读，慢慢养成良好的读书习惯，你就会爱上读书。你不必刻意追求读书的数量。的确，我们不得不承认，现在市场上充斥着各种书刊，但并不是什么书都是适合青少年阅读的。

要学会带着感情阅读，这有利于培养你的表达能力以及想象力。另外，你还可以写一些读书笔记，写出自己的感受。同时，睡前是最佳阅读时机，浅睡眠时期最容易进行无意识的记忆，因此一定要把握睡前的阅读时间。

旅行，是生活中的最大乐事。旅行虽然要花去不少钱，但它能够给人们带来无穷无尽的欢乐。一次愉快的旅行，会使你终生难忘。假如一个人爱旅行的话，那么他势必心胸更广阔，更有解决问题的弹性。

自然能净化人的心灵，让人返璞归真。自然的一切声音，风声、雨声、波涛声、犬吠、鸡鸣、蟋蟀叫都是动听的。听到它们的时候，是心情最宁静的时候。这种宁静，是没有争逐的安闲，是没有贪欲的怡然。这些属于自然的美妙，只有爱旅行、远离尘嚣的人才能听得懂、看得到。

旅行能欣赏风光，增长见识。旅行是综合性的活动，具有很大的学问。简单地说，旅行包含着天时、地利、自然、考古、建筑、园林、动植物学、方言、风土人情、饮食文化、地方土特产等内容。这些我们在旅行中都能碰到，虽然我们不会对某个方面进行特殊研究，但在旅行中，不妨做个有心人，大致了解一下，权且把旅行的过程当作一个考察学习增长知识的过程。

因此，长时间困于城市的年轻人，不妨偶尔冲动一次，给自己的身体或者心灵放个假！

静下心来，对自己做一个全面的分析

很多时候，走在川流不息的大街上，看着熙熙攘攘、摩肩接踵的人群，你可能突然之间会感到困惑：我是谁？来这里干什么？在生活中，一些人很难认清自己是谁，因而也很难找到自己想要拥有的生活，不知道脚下的道路又是通往何方的。

先哲说："人生的真谛在于认识自己，而且是正确地认识自己。"然而，任何人都不是在喧嚣中认识自己，也不是在人群之中认识自己，而恰恰是在寂寞的时刻认识自己，于独处时认识自己，犹如深夜的月光洒落在纯净无瑕的窗棂之上。任何一个拥有自我的人，都能做到静静地倾听自己内心的声音，以此认识到自己不为人知的另一面，这一面或许是为人处世中的不足与优势，或许是某种特长等，但无论是哪一方面，只要我们能及时探究，就有利于自身的发展。

闹市中的人们是听不到自己心底声音的，然而，在我们的生活中，一些年轻人却把命运交付在别人手上，人云亦云，盲目跟风。他们忽视了自己的内在潜力，看不到自身的强大力量，甚至不知道自己到底需要什么，不知道未来的路在哪里，他们浑浑噩噩地度过每一天，一直在从事自己不擅长的工作，以至于无所成就。因此，我们要做到的是倾听自己内在的声音，寻找到属于自己的人生意义，然后勇往直前，坚持到底。

可以说，我们只有在处于孤独的时候，才更易于接近我们的灵魂，从而认识到另外一个自己，这是信仰的开始，是省悟的开始。

随着生活节奏的加快，竞争越来越激烈，人们的物质需求越来越多。然而，假如我们不能很好地认识自己，不清楚自己所真正追求的是什么，没有人生目标，就很容易形成自满、自负、自我陶醉的心理，甚至还会产生虚荣心。在物质利益的诱惑面前，很多人把持不住自己，为了追求利益而做出很多有违道德的事情；还有的人虚荣心膨胀，喜欢哗众取宠、炫耀自己，无法客观、正确地评价自己。与此相反，还有的人总是喜欢和比自己能力强或者物质条件好的人比较，很容易产生无能为力的焦虑，觉得自己一无是处，因而自我贬低……为了避免上述种种情况的发生，每一个人都应该正确认识自己，意识到每个人都有自己的长处和短处，都有自己拥有而别人却没有的东西，都有属于自己的幸福。只有这样，才能以平静的心态坦然地面对生活。

常反躬自省，别迷失自己

有位哲人说："人，一撇，一捺，说起来容易，做起来难。"因为人无论如何也不能做到完美，面对外界的纷扰，我们很容易迷失自我。南宋僧人曾作一偈："身是菩提树，心如明镜台。时时勤拂拭，勿使惹尘埃。"任何一个人，行走于世，时间长了，心灵难免会沾染上尘埃，如果不能经常地自我反省，很容易使原来洁净的心灵受到污染和蒙蔽。我们身边有很多每天都开心生活的人，他们的共同特质在于懂得自省，因而有能力为自己的所作所为找到价值和目的。如果你希望追随自己的内心、希望不断完善自身的能力、知识、心灵，就要学会反省。

然而，现代社会，生活在灯红酒绿的都市中，到处充满着诱惑，真正能做到静下心来反省自己的人几乎没有，在充斥着各种欲望的生活中，懂得舍弃的人又有几个？人本性中的单纯、朴实早已被我们甩在了身后。也许在这个快节奏的时代，我们真的走得太快了，是该停下脚步，等一等被我们丢远的灵魂了。这样，才能让自己的心静下来，思索我们的人生。

那么，什么是反省呢？反省即检查自己的思想行为，检查其中的错误。古人云："知人者昏，自知者明。"人贵在有自知之明，如果一个人自己不能了解自己，目空一切，心胸狭窄，心比天高，又怎么能虚心进取？就更不用说成功了。古人邹忌自知不如城北徐公美，但却从中得出客人有求于他，他的妻子爱他，他的小妾害怕他，因此才说他比徐公美这样的结论，这说明他是一个注重自省自知的智者。

事实上，反省无时无地不可为之，也不必拘泥于任何形式。不过，人在事务繁杂的时候很难反省，因为情绪会影响反省的效果。你可在深夜独处的时候反省，或者是在其他心情平静的时候反省——湖面平静才能映现你的倒影，心境平和才能映照你今天所做的一切！

真正有效的反省都是在头脑清醒的情况下进行的，正如哲学家尼采所说的："不要在疲惫不堪的时候反省自己，这并非因为你冷静地反省了自己，你只是累了。在疲劳时进行反省，乃是郁闷设下的陷阱。"一个人在结束了一天的生活和工作后，会不由自主地回顾当天的生活。此时，你关注到自己和他人的行为，就会从中发现一些令你不愉快的部分，从而变得郁郁寡欢，这时，你可能会认为自己是无能的，也可能认为他人是可恨的，那最终，你会伴随这样的负面情绪睡去。很明显，此时的反省不是有效的，你只是疲惫了，此时，你该做的就是休息，等身心放松了再进行反省，你会更平和地看待问题。

至于反省的方法，要做到因人而异，有人写日记，有人则静坐冥想，在脑海里把过去的事放映出来检视一遍。不管你采用什么样的方式，只要真正有效就行。自省也不能流于形式，每日看似反省，但找不出自己的问题，甚至对错不分，那就很值得注意了。

那么，你又应该每天反省些什么呢？以下三个方面就值得你去自省：

人际关系。你今天有没有做过什么对自己人际关系不利的事？你今天与人争论，是否自己也有不对的地方？你是否说过不得体的话？某人对你不友善是否还有别的原因？

做事的方法。反省今天所做的事情，处事是否得当，怎样做才会更好。

生命的进程。反省自己今天做了些什么事，有无进步？是否在浪费时间？目标完成了多少？

如果你坚持从这三个方面反省自己，那一定可以纠正自己的行为，把握行动的方向，并保证自己不断进步。

要成为一个有自我反省能力的人，一定要做到自我否定，要勇于认错。每个人都会有错误和缺点，有了错误，要主动接受批评并进行自我批评，认真反省自身缺点，从而不断改进自己、升华自己。那么，你有反省的习惯吗？趁早培养吧，它能修正你为人处事的方法，给你指引明确的方向。

反思自己是一件痛苦的事情，会反思是一种智慧，处于人群中的你，有必要做到经常自我反思，思考自己的得失功过，只有这样，你才不至于迷失自我。

第3章

跨出你的第一步，走出你精彩的人生路

　　一个人的心态决定了他的生命高度，一个心态年轻的人，会产生源源不断的动力。年轻人充满朝气，对未来有无限的憧憬，但如果你希望实现人生理想，就必须要有一颗永不衰老的心。有些路一定要勇敢迈步，因为走下去，你才能知道它会有多美。

绝不懈怠，始终保持积极进取的状态

每个人都有自己的梦想，在追逐梦想的过程中，难免会遇到一些阻挠，我们时常鼓励自己或朋友"咬咬牙，坚持就一定能成功"。人的意志力真有如此神奇的效果吗？

美国斯坦福大学的心理学家给出了答案：经过研究，他们发现，面对难度较大的任务时，那些意志力坚强的人往往更有耐力和韧性，完成任务的质量更高。

正在为梦想奋斗的年轻人，你也要充分调动自己的意志力。如果缺乏意志力，在遭遇困难时，就会很容易感到疲劳，产生厌倦情绪。相反，意志力顽强的人则更有自信，他们认为自己的能量不会耗竭，这种信念会使他们的精力更旺盛，从而带来成功。

当然，要想拥有坚强的意志力，首先就要有开朗的心境。乐观就像心灵的一片沃土，为人类所有的美德提供丰富的养分，使它们健康地成长。

因此，新时代的年轻人，你们应该学会接受人生的磨难和挑战，否则，如果我们囿于这种"不如意"，终日惴惴不安，生活就会索然无味。与之相反，如果你能拥有一颗感恩的心，善于发现事物的美好，感受平凡中的美丽，就会以坦荡的心境、豁达的胸怀来应对生活中的每一份酸甜苦辣，让原本平淡乏味的生活焕发出迷人的色彩，这时，你会发现，磨难与逆境也不过是轻飘飘的浮云。

有一位虔诚的作家，在被人问到该如何抵抗诱惑时回答说："首先，要有乐观的态度；其次，要有乐观的态度；最后，还是要有乐观的态度。"

生活中有快乐也有烦恼，就好像上山后必然要下山一样，每一天人们在拥有快乐的同时也要面对困难。对困难持什么样的态度，决定着一个人的成功与失败。

曾有学者研究事业成功的人，探究他们成功的原因何在。结果发现这些成功者有些共同特质：他们对自己深具信心，对未来抱有乐观态度，而且具有极佳的挫折忍受力。

在《福布斯》杂志2000年度公布的内地50位拥有巨额财产的企业家名单中，年轻的阎俊杰、张璨夫妇因拥有1.2亿美元的财富而名列第23位。另据《粤港信息日报》报道，张璨曾被评为"当今中国最具影响力的十大富豪"之一,是十大富豪中最年轻的,也是唯一的女性。

张璨是北京大学金融系的学生,可在她读大三的时候,却被注销学籍,勒令退学。因为有人举报3年前她第一次高考时曾考上东北某大学没有就读,她第2年又考上北京大学。按当时的规定,有学不上的考生必须停考一年。退学事件对张璨造成了巨大打击,她只能到处打工。后来,张璨和丈夫正式经商,开始创业的时候,几乎是一穷二白。那时候他们自己组装电脑,经常熬到凌晨两三点。

张璨和丈夫挣到的第一笔大钱,是从沈阳一家废品仓库里挣的。1987年初,他们赚了5万元,这在当时可是一笔了不起的大钱。依靠这点积蓄,他们开始和别人一起办公司。1988年,由于和公司董事会之间产生矛盾,张璨和丈夫一起退出了公司,开始了第二次白手起家。这期间他们做了很多的尝试。1992年,张璨和丈夫重新回到电脑行业,注册了达因公司。张璨夫妇建立起达因公司不久,就从一个基金会借到300万元人民币。由于张璨的聪明、机敏而又踏实苦干的风格,她的公司后来被美国康柏公司看上,成了康柏在中国市场的总代理。

在张璨的毕业纪念册上,同学给她的赠言便是这样一句意味深长的话:与众不同的经历,造就与众不同的道路。人生在世，难免会遇到许多挫折。一个成功的人，必定是在挫折与逆境中摸爬滚打过来的。

青春易逝，年轻是短暂的，我们走过漫漫的一生，有时候会突然发现自己的生活如此坎坷。也正是由于这些逆境与不公，我们的生活才变得更加精彩，我们才能获得成功。挫折能将生活、家庭乃至世界变得更加精彩。如果你未经历任何挫折就直接获得了成功，那么，你就不会去努力创新，等待你的将是两个极端——光辉的一生或一辈子的失败。而如果经过挫折才成功，你将会拥有最高的荣耀，你不会因为没有创新而被淘汰，也不会因失败而黑暗一辈子。从这个角度讲，适度的厄运具有一定的积极意义，它可以帮助我们驱走惰性，促使人奋进，我们的生活可以在厄运中变得精彩，我们的性格也可以在厄运中变得成熟。

总之，越是遇到挫折，越要保持积极的心态。一切想法都来自心态，一切结果都取决于你有什么样的想法。你的想法不同，结果肯定会不同。我们都知道，刚毅的精神来自乐观的心态，而这往往也是成功的关键，一个无坚不摧的人是无所畏惧的，而你是否具备这一品质呢？

稍做等待，就有可能出现转机

生活中，可能我们有这样的体会：我们去等人，对其望眼欲穿，可对方偏偏不见踪影，正当我们准备离开的时候，他却姗姗来迟；当股市低迷，大家都想要全身而退的时候，你抱着试试看的心理等了下去，就在最后一刻，却出现了转机；当你就要放弃手头的这道难题时，却灵光闪现，顿时豁然开朗，一举攻破……这些最后一刻出现的惊喜和成功，往往让人更加高兴，你更庆幸的是，你没有放弃，而是静下心来等待。其实，生活何尝不是如此呢？很多事不要过早下结论，也不要人云亦云，尤其是当别人灰心丧气的时候，你如果坚持了自己的看法，等待转机，奇迹是可能会出现的。

然而，在我们生活的周围，有一些年轻人做事急躁、三分钟热度，对此，他们必须培养自己的意志力，要懂得思考，要用睿智的大脑去判断。事情都有多面性，要想从危机中看到转机,不妨多等一等,俗话说"功到自然成",时机未到,成功是不会向你招手的。"坚持就是胜利"的道理每个人都懂,但真正能做到的人并不多,这需要安静等待的耐心和自我控制力,真正的赢家往往是那些笑到最后的人!

在商界流传着这样一个故事:

有三个日本人,代表日本某家航空公司的采购代表来到美国,准备和美国一家飞机制造公司谈判,希望能以合理的价格买进一批材料。

当然,美方也不示弱,他们为了能赢得利益,挑选了一批谈判精英来参加这次谈判。美方的聪明之处在于,谈判开始后,他们并不是采取常规交涉的方法,而是用产品说话,采用了一系列的产品攻势。

谈判室是美方提供的,为此,他们似乎更具有优势,他们在谈判室里挂满了产品图像,还印刷了许多宣传资料和图片。他们花了两个半小时,用三台幻灯放映机,放映了好莱坞式的公司介绍。他们很聪明,按照常规意义来说,这样做,一是要加强自己的谈判实力;二是想向三位日本代表作一次精妙绝伦的产品简报。可奇怪的是,在整个放映过程中,日方代表只是静静地坐着,全神贯注地观看。

一番介绍加上放映后,美方高级主管得意地站起来,转身向三位显得有些迟钝和麻木的日方代表说:"请问,你们的看法如何?"

不料一位日方代表说:"我们还不懂。"这句话大大伤害了美方代表,他的笑容随即消失了,一股莫名之火似乎正往上顶。他又问:"你们说不懂,这是什么意思?哪一点你们还不懂?"另一位日方代表彬彬有礼、微笑着回答:"我们全部没弄懂。"美国的高级主管又压了压火气,再问对方:"从什么时候开始你们不懂?"第三位代表严肃认真地回答:"从关掉电灯,开始播放幻灯片简报的时候起,我们就不懂了。"这时,美国公司的主管感到严重的挫败感。

为了商业利益,美方主管又重放了一次幻灯片,而且明显放慢了速度,但日方代表还是一直摇头。美国的高级主管一下子泄气了,显得心灰意冷、无可奈何。他对日方代表说:"既然我们所做的一切你们都不懂,那么你们希望我们做些什么呢?"这时,一位日方代表慢条斯理地将他们的条件说了出来,他说得如此慢,致使美国高级主管像回答审问似的,毫无斗志地斜坐在那里,稀里糊涂地应答着,他的思维已经混乱了,信念被摧毁了,根本未做什么有效的反应。

结果,日本航空公司大获全胜,成果之大,连他们也感到意外。

这三名日本代表是聪明的，他们利用的就是美方不能坚持到底的这种心态，然后做了一点小小的"手脚"，让对方自乱方阵。当得意的美方代表产生挫败感、显得心灰意冷的时候，他们的目的也就达到了，此时，他们提出自己的条件，对方已经毫无招架之力。日方代表在这样强势的美方制造商面前并没有认输，而是耐心地等待，最终看到了曙光并取得了胜利。而从美方代表看，他们因为没有耐心而输了这场谈判。

从这个故事中我们可以看出，当我们辛辛苦苦为某件事奋斗后，如果中途退出，那么将前功尽弃，美方代表犯的就是这个错误。相反，明知不可为而为之，静静地等待，事情可能还会有转机。

总之，年轻人，你要明白，胜败的因素在于一个人的智慧。我们做事绝不可鲁莽，而是要静待时机，任何事不到最后一刻都不可盖棺定论，成功总是"犹抱琵琶半遮面"、姗姗来迟的，而你们要做的就是努力加坚持！

最关键的是，你未来往哪里走

在韩国首尔大学，有这样一句校训："只要开始，永远不晚。人生最关键的不是你目前所处的位置，而是迈出下一步的方向。"这句话的含义是：任何理想不经过实践和行动的证明，都将是空想。只要你心有方向，立即行动，任何理想都有实现的可能。

我们每一个年轻人都应该明白一个道理，说一尺不如行一寸，只有行动才能缩短自己与目标之间的距离，只有行动才能把理想变为现实。成功的人都把少说话、多做事奉为行动的准则，通过脚踏实地的行动，达成内心的愿望。但任何行动，如果没有一个明确的指引方向，都是无意义的。

我们都渴望成功，也都有自己的梦想，但梦想并不是参天大树，而是一颗小种子，需要你去播种，去耕耘；梦想不是一片沃土，而是一片蛮荒之地，需要你在上面栽种上绿色。如果你想成为社会的有用之才，就要"闻鸡起舞"，甚至需要"笨鸟先飞"；如果你想完成一部经典的著作，就需要呕心沥血……梦想的成功需要以奋斗为基石，如果你想要实现心中的梦想，那就行动起来吧，去为之努力，为之奋斗，这样你的理想才会成为现实。

在非洲的森林里，有四个探险队员来探险，他们拖着一只沉重的箱子，在森林里跟跄地前进着。前路还有无数坎坷，可就在这时，队长突然病倒了，只能永远地留在森林里。在队员们离开他之前，队长把箱子交给了他们，告诉他们走出森林后把箱子交给自己的一位朋友，他们会得到比黄金更重要的东西。

三名队员答应了请求，扛着箱子上路了，前面的路很泥泞，很难走。他们有很多次想放弃，但为了得到比黄金更重要的东西，便拼命走着。终于有一天，他们走出了无边的绿色，把这只沉重的箱子交给了队长的朋友，可那位朋友却表示一无所知。结果他们打开箱子一看，里面全是木头，根本没有比黄金贵重的东西，而那些木头也一文不值。

难道他们真的什么都没有得到吗？不，他们得到了一个比金子更贵重的东西——生命。如果没有队长的话鼓励他们，他们就没有了目标，就不会去为之奋斗。由此可见，目标在我们追求理想的过程中的指引作用有多么大！

追求梦想的过程也不是一帆风顺的，无数成功者为了自己的理想和事业，竭尽全力，奋斗不息。孔子周游列国，四处碰壁，才悟出《春秋》；左氏失明后才写下《左传》；孙膑失去了膝盖骨，终修《孙膑兵法》；司马迁蒙冤入狱，坚持完成了《史记》。伟人们在失败和困顿中，永不屈服，立志奋斗，才最终达到成功的彼岸。而当今社会，很多人却以失败告终，这是为什么呢？很多人把问题归结于外在，比如，时运不济，天资不够等，持这种观点的人，只看到问题，却看不到解决问题的方法；只看到困难，却看不到自己的力量；只知道哀叹，却不去尝试解决问题。这样的人永远也不可能成功。

为成功奋斗的年轻人，从现在起，你只需树立一个正确的理念，调动你所有的潜能并加以运用，便能带你脱离平庸，步入精英的行列！你可以记住以下几点：

1.关注未来，不要满足于现状

独具慧眼的人，往往具备人们所说的野心，是不会为眼前的蝇头小利而放弃追求梦想的，他们一般是用极有远见的目光关注未来。

2.为自己拟定各种阶段目标与规划

长期目标（5年、10年或15年）：长期目标会指引你前进的方向，因此，这个目标能否设定好，将决定你很长一段时间是否在做有用功。当然，长期目标还要求我们不可拘泥于小节。

中期目标（1~5年）：也许你希望自己能拥有房子、车子等，这些就属于中期目标。

短期目标（1~12个月）：这个目标就好比是在一场淘汰制比赛的预赛中胜出，它能鼓舞你不断努力、不断前进。这些目标提示你，成功和回报就在前方，要鼓足干劲，努力争取。

即期目标（1~30天）：一般来说，它是你每天、每周都要确定的目标。每天当你睁开眼醒来时，你就需要告诉自己，今天的自己要实现什么样的突破，而当你有所进步时，它能不断地给你带来幸福感和成就感。

3.不要把梦停留在"想"上

梦想可以燃起一个人的所有激情和全部潜能，载他抵达辉煌的彼岸。但有了梦想，不要把"梦"停留在"想"上，一定要付诸行动，制订目标，这样梦想才能真正带你走向成功。

始终相信，接下来一定是美好的事

生活中，我们常常祝福别人万事如意，但万事如意只是一种美好的祈愿。我们都希望美好的事情发生在自己的身上，但没有完美的人生，甚至很多时候，我们会被命运捉弄，它会毫无来由地给我们带来可怕的灾难。此时，如果人们无法承受，灾难与困苦就会占据人们的心灵，让人们失去欢乐，永远生活在阴影里。然而，无论如何我们都要相信，美好的事情始终都会发生。

尘世之间，变数太多，我们唯一能掌控的就是自己的心境，当厄运或不公正的待遇降临到我们头上时，如果无法改变它，就要学会接受它、适应它，并且始终要相信，接下来发生的一定是美好的事。

有一天，在某个公交站牌处，一个小女孩和妈妈起了争执。

小女孩有点生气地对妈妈说："我就要去海边玩，为什么你不让我去？"

妈妈劝她:"不是早说过了吗,今天出太阳了咱就去,但今天没有出太阳啊,而且天气预报说还可能要下雨呢,还是改天再去吧。"

"妈妈骗我,今天出太阳了……"

妈妈笑了起来,问道:"哪里有啊,不要骗人,你说说,太阳到底在哪儿?"

小女孩抬起头来,东看看西瞧瞧,然后指着天空喊:"太阳不是在那儿嘛。"

"没有啊,那只是乌云而已呀。"

"对呀!"没想到,小女孩一副非常认真的样子,"太阳就躲在乌云的后面呢,等一会儿乌云一走开,不就出来了吗?"

听到小女孩的话,所有等车的人都笑了。

对积极的人来说,太阳每天都在天空中,虽然有的时候我们看不见它,那是因为它正躲在乌云的后面,而乌云总有散开的时候,就如人生总有诸多的幸福会接踵而至一样。

年轻的朋友们,乌云密布的时候,你是怎样看待的呢?如果你也能看到乌云背后的太阳,那么你就是个心态积极的人。

曾经有一对孪生兄弟,哥哥叫伊恩,弟弟叫杰森,兄弟二人帅气十足。但命运是不公的,他们遭遇了一场火灾事故,所幸消防员从废墟里救出了他们兄弟俩，他们是那场火灾中的幸存者。

兄弟俩被送往当地的一家医院，虽然两人死里逃生，但大火已把他们烧得面目全非。"多么帅的小伙子，可惜呀。"认识他们的人都为兄弟俩惋惜。杰森整天对着医生唉声叹气，觉得自己成了这个样子，以后如何见人，如何在这个世界上生活？他无法接受眼前的现实，对生活失去了信心，他总是自暴自弃地重复着一句话："与其这样还不如死了算了。"伊恩努力地劝说杰森："这次大火只有我们得救了，这说明我们的生命尤为珍贵，我们的生活最有意义。"

兄弟俩出院后，杰森还是无法面对现实，忍受不了别人的讥讽，偷偷地服了50片安眠药，离开了人世。伊恩却艰难地生存了下来，无论遇到怎样的冷嘲热讽，他都咬紧牙关挺了过来，他一次次地提醒自己："我生命的价值比谁都珍贵。"后来，他当了一名货车司机。

一天，伊恩仍像往常一样送一车棉絮去加利福尼亚州。天空下着雨，路很滑，他把车开得很慢。此时，伊恩发现不远处的一座桥上站着一个人。伊恩紧急刹车，汽车滑进了路边的一条小水沟里。他还没有靠近那个年轻人的时候，年轻人就已经跳进了河里，伊恩也连忙跳入水中救人。在救人的时候，伊恩自己差点被大水吞没。

后来伊恩才知道，他救的是一位亿万富翁。亿万富翁感激伊恩给了他第二次生命，并和伊恩一起干起了事业。凭着自己的诚信经营，伊恩从一个司机，发展成了一个运输公司的董事长。几年后医学发达了，伊恩用挣来的钱整好了自己的面容。

　　一对孪生兄弟，为什么命运如此不同？因为他们的心态不同。面对毁容，弟弟杰森无法接受，选择自杀结束了自己的生命，而伊恩却始终提醒自己，自己的生命价值比谁都珍贵，他努力活了下来。后来，他用同样的信念救了另外一个轻生的人，从而改变了自己的命运。

　　然而，现实生活中，总有人一味沉溺在已经发生的事情中，不停地抱怨，不断地自责，将自己的心境弄得越来越糟。这种对已经发生的无可弥补的事情不断抱怨和后悔的人，注定会生活在迷离混沌的状态中，看不见前面一片明朗的人生。之所以这样，是因为经历的磨炼太少。正如俗话说的那样：天不晴是因为雨没下透，下透了，也就晴了。

　　著名潜能开发大师迪翁常常用一句话来激励人们进行积极思考："任何一个苦难与问题的背后，都有一个更大的幸福！"这是他的招牌话。他有个可爱的女儿，但一场意外让这个可爱的小女孩失去了小腿，当迪翁从韩国的演讲赛上赶到医院时，他第一次发现自己的口才不见了。可是女儿察觉了父亲的痛苦，却笑着告诉他："爸爸！你不是常说，任何一个苦难与问题的背后，都有一个更大的幸福吗？不要难过呀！这或许就是上帝给我的另一个幸福。"迪翁无奈又激动地说："可是！你的脚……"

女儿非常懂事地说："爸爸放心，脚不行，我还有手可以用呀！"

听了这样的话，迪翁虽有几分心酸，可也欣慰不已。

两年后，小女孩升入中学了，她入选了垒球队，成为该队有史以来最厉害的全垒打王！因为她不能走路，就每天勤练垒球打击，强化肌肉。她很清楚，如果不打全垒打，即使是深远的安打，都不见得可以安全上垒。所以唯一的把握，就是将球猛力击出！

这是一个乐观积极的小女孩，在最艰难的时刻，她留给人们的依然是微笑，因为她相信"任何一个苦难与问题的背后，都有一个更大的幸福"。于是，灾难变得不再可怕，而她本人也更有能力面对这场艰难的挑战。

总之，放下悲伤，接受现实，才能重新起航。年轻的朋友，不要以为胜利的光芒离你很遥远，当你揭开悲伤的黑幕，你会发现一轮火红的太阳正冲着你微笑。请用一秒忘记烦恼，用一分钟想想阳光，用一小时大声歌唱，然后用微笑去谱写人生最美的乐章。

你热爱生活，生活才会呈现美好的姿态

人生在世，短短数十载，人们穷其一生都在追求快乐，因为只有快乐才是人生幸福的唯一标准。然而，什么是快乐呢？一般字典上对快乐的定义多半是：觉得满足与幸福。德国哲学家康德则认为："快乐是我们的需求得到了满足。"的确，快乐是一种对生活的美好感受，也就是没有不好或痛苦的事情存在，你觉得自己及周围的世界都不错。然而，怎样才能感受到生活的美好和快乐呢？我们给出的答案是，生活是否美好，取决于我们是否热爱。

其实，痛苦与快乐相伴相生。快乐与痛苦是生活中永恒的旋律，谁也不敢保证自己时时刻刻都是幸福和快乐的，我们应看重的不是几多痛苦，几多欢笑，而是心在痛苦和欢笑时的选择。如果你希望获得快乐，就要选择快乐；如果你希望生活美好，就热爱生活吧。

然而，现代社会，不少年轻人感叹自己活得累，没有快乐可言。其实，人生在世，谁都会遇到烦恼，之所以人们的生活状态不同，是因为他们的心态不同，生活得快乐幸福与否，完全取决于个人对人、事、物的看法。你的态度决定了你一生的高度。你认为自己贫穷，并且无可救药，那么你的一生将会在穷困潦倒中度过；你认为贫穷的生活状态是可以改变的，你就会变得积极、主动，就会摆脱贫穷。心态决定人生，也就是这个道理。

一个农夫家里有两个水桶，它们一同被吊在井口上。其中一个对另一个说："你看起来似乎闷闷不乐，有什么不愉快的事吗？"

"唉，"另一个回答，"我常在想，这真是一场徒劳，好没意思。常常是这样，刚刚重新装满，随即又空了下来。"

"啊，原来是这样。"第一个水桶说，"我倒不觉得如此。我一直这样想：我们空空地来，装得满满的回去！"

在现实生活中也是如此，处于同样的环境之中，有人觉得快乐，有人深感不幸；两个人同时望向窗外，一个人看到星星，另一个人看到污泥。这代表着两种截然不同的态度。

我们不难发现，那些懂得享受快乐、享受人生的人，都是忙碌的、有活力的、性格外向的人，而他们之所以快乐，是因为他们热爱生活。

一天，老张听说妻子的一位同事要来家里做客，便做了满满一桌子菜。席间，这位同事突然忍不住说道："我好羡慕你们，你们家里好温馨，好幸福。"正在给母亲夹菜的老张突然被这一句莫名其妙的话弄糊涂了，在一起吃顿饭就幸福吗？看到老张一家人都惊讶地望着她，她不好意思地说道："一家人围在一起吃饭，嘘寒问暖，相互关心，我真的好羡慕这样的生活。"

老张妻子开玩笑说道："你们两口子一个月的收入是我们的好几倍，你们不幸福吗？"

这位同事黯然失色道："我宁可少挣点钱，也想一家人天天生活在一起，家里有老、有小，相聚在一起就是幸福。"原来他们夫妇二人都是挣钱的高手，但天各一方，孩子跟着爷爷奶奶生活，一家人生活在三个不同的地方，在一起相聚的时间少，分离的时间多，所以特别羡慕老张一家人天天生活在一起的日子。听她这么一说，老张真的感觉自己很幸福，只是每天忙碌于工作，忘记了去讨论幸福在哪里。

幸福是一种心理体验，对于生活是否美好，不同的人有不同的体会。故事中老张妻子的同事因为一家人分离，特别羡慕生活在一起的一家人。经济拮据的人突然得到他人的馈赠一定也能感受到幸福，天天忙碌的人突然休息一天也很惬意……幸福、快乐没有标准，因人因事而异。幸福既简单也复杂，期望值不高的幸福是简单的，通过努力是很容易达到的，达到了就是幸福；期望值过高的幸福是复杂的，永远也达不到或者达到了又会马上产生新的负面感受，这山望着那山高，很难感受到幸福。

那么，我们怎样才能热爱生活、体验美好呢？

首先，年轻人需要记住的是，只跟自己比，不和别人攀比。随着我们渐渐长大，在他人的耳濡目染下，对"成就""成功"有了一定的概念，这些概念带给我们努力的压力，并且会随着年龄的增长越来越强烈。我们在这种压力下努力学习、努力工作，一旦落后于他人，就会变得自卑，甚至一蹶不振。所以，要让自己获得快乐，就要重新审视自己，审视自己当初的标准是不是错了，如今有无进展。如果你真的已经尽力了，相信今天一定会比昨天好，明天一定会比今天更好。

其次，你要懂得关心周围的人、事、物。假如你把目光转移到周围的人、事、物上，而不是只看到自己，你的眼界一定会开阔很多。那些以自我为中心的人，之所以永远得不到快乐，就是因为他们永远都不知道满足。

那么你应该关心什么，关心谁呢？静下心来想一想，我们虽然平凡，至少可以帮忙接送孩子上下学，为病人念念书，到敬老院打打杂，甚至把四周环境打扫干净……只要付出一点点，你就会更加快乐。

第4章

人生且长，
只要改变何时都不晚

成功不在于起步时间的早晚，也不在于年龄的大小，只要我们为成功付出了足够多的努力，成功就会来到我们的身边。一旦有了自己的梦想或者目标，就要立刻行动，不要拖延，不要总想着以后，也没有什么来不及，因为现在就是最好的开始。

只要你想做，永远都不晚

相信我们每一个人在年少时都有自己的梦想，都心有所向。然而，随着时间的流逝，一些人终将自己的梦想搁浅，当人们问及为何放弃梦想时，他的回答是："来不及了""年纪大了"等，但如果你看到古今中外无数大器晚成的例子，相信你会抛下借口重拾梦想的。

有这样一个人，他5岁时就失去了父亲，14岁时从格林伍德学校逃学开始了流浪生涯，他在农场干活，每天很不开心。他当过电车售票员，也很不开心。他16岁时谎报年龄参了军，但是也不顺心。一年服役期满后，他去了亚拉巴马州，在那里开了个铁匠铺，但不久就倒闭了。

随后他在南方铁路公司当上了机车司炉工，他很喜欢这份工作，他以为终于找到了属于自己的位置。

他在18岁时结了婚，仅过了几个月的时间，在得知太太怀孕的同一天，他又被解雇了。接下来，当他在外面忙着找工作时，太太卖掉了他们的所有财产，跑回娘家。随后大萧条开始了，他没有因为总是失败而放弃，他确实非常努力，别人也是这么说的。

他曾通过函授学习法律，但后来因生计所迫，不得不放弃。他卖过保险，也卖过轮胎。他经营过一艘渡船，也开过一家加油站。但这些都失败了。

后来他成了一家餐馆的主厨，要不是一条新的公路刚好穿过那家餐馆，他会在那里取得一些成就。

接着他到了退休的年龄，他并不是第一个，也不会是最后一个到了晚年还无以为荣的人。

时光飞逝，眼看一辈子都过去了，而他却一无所有。要不是有一天邮递员给他送来了他的第一份社会保险支票，他还不会意识到自己已经老了。

那天，他身上的什么东西愤怒了，觉醒了，爆发了。

有人同情地说："轮到你击球时你都没打中，那就不用再打了，该是放弃、退休的时候了。"但他没有就此放弃，他收下了那105美元的社会保险支票，并用它开创了新的事业。

后来，他的事业欣欣向荣，他终于在88岁高龄时大获成功。

这个到该结束时才开始的人就是哈伦德·山德士——肯德

基的创始人,他用他的第一笔社会保险金创办的崭新事业正是肯德基炸鸡。

从无数人的经历中,我们都可以看到他们在自己感兴趣的高峰上艰苦攀登的足迹。

一个人的成才和事业成功与年龄并无直接的关系,而是在于内心有一颗永不熄灭的、火热的心。只要你始终对梦想有着强烈的冲动,只要你一直走心中向往的那条路,即便你已经年逾古稀,依然能驾驭自己的人生,实现自己的人生价值。

只要现在去做，就没有什么来不及

生活中，总有一些年轻人感叹："其实我并不喜欢现在的生活，我更想……"他们有一大堆的计划，一大堆的梦想，可是，最后他们并没有去实践，如果问他们为什么，他们还会摇摇头说："不行啊，无奈啊，没办法啊，因为来不及了……"真的来不及了？既然无力改变，又何必总是埋怨？如果埋怨、不满，又为何不去努力改变？

如果你留心一下周围形形色色的人，就会发现，那些少数生活得快乐的人，并不是因为他们有很多的钱，也不是因为他们有更好的房子和工作。他们只不过是能够真正地为实现梦想而努力，怀着最真诚的心去追求自己想要的东西。

对于任何一个年轻的朋友，你的人生才刚刚开始，只要你树立自己的人生目标，并为之努力，就没有什么来不及。只要你立即行动、大胆地去实践，而不是只把人生目标当成一个遥不可及的梦想，你就能实现它，相反，如果你默默地将梦想藏在心底而不付诸行动，你只能感到莫大的遗憾。

反过来说，真正的成功来自长期持之以恒的努力，任何急于求成和投机取巧都是无济于事的。一个投机取巧的人，一定一事无成；一个急于求成的人，不配做高手。真正的高手，都是那些能够克服在漫长拼搏中的恐惧和枯燥，克服无情岁月的流逝和青春的离去，一步步达成人生目标的人。

索菲娅是某世界知名大学的一位歌剧演员。

在一次演讲中，她当着全校师生说出了自己的梦想——大学毕业后先去欧洲进行为期一年的旅游，然后要在纽约的百老汇闯出一片天地。

就在她结束演讲的当天下午，她的心理学老师找到她，严肃地问了一句："我听说你想去百老汇，那么，你今天去百老汇跟毕业后去有什么区别？"

老师的话点醒了索菲娅，她仔细一想："是呀，大学生活并不能帮自己争取到去百老汇的机会。"于是，索菲娅决定一年以后就去百老汇闯荡。

这时，老师又问她："你今天去跟一年以后去有什么不同？"

索菲娅一想，的确如此，她告诉老师自己决定下学期就出发。

老师紧追不舍地问:"你下学期去跟今天去有什么不一样?"索菲娅有些晕眩了,她仿佛现在已经置身于百老汇那金碧辉煌的舞台上了……她终于决定下个月就去百老汇。

老师乘胜追击问道:"一个月以后去和今天去有什么不同呢?"

索菲娅的心情很激动,她说:"好,我准备一下,一个星期以后就出发。"

老师步步紧逼:"百老汇什么买不到?生活用品更是到处都是。你用一个星期的时间准备什么呢?"

索菲娅激动地说道:"好,我明天就去。"老师赞许地点点头,对她说:"我已经帮你预订好明天的机票了。"

第二天,索菲娅就坐飞机来到了美国。当时,百老汇一位著名的制片人正在筹备一部经典剧目,很多艺术家都前去应征主角,按照步骤,需要先从这些应征者中挑选出10位候选人。索菲娅得知这个消息后,并不是花时间去为自己置办衣装,也没有去学习如何打扮自己,而是先从一位化妆师那里借到了剧本。接下来的两天时间里,她把自己关在出租屋里潜心练习。

面试这天终于到了,索菲娅有点紧张,但稍做深呼吸之后,她给自己打足了气,当制片人问她的表演经历时,她笑了笑说:"我可以给您表演一段原来在学校排演的剧目吗?就一分钟。"制片人允许了,他不愿让这个热爱艺术的青年失望。

索菲娅表演的正是制片人要排演的剧目,制片人惊呆了,因为眼前这位姑娘的表演实在太棒了。他马上通知工作人员结束面试,主角非索菲娅莫属。就这样,索菲娅来到纽约没几天就顺利地进入了百老汇,开始了她灿烂的艺术人生。

年轻的朋友们,索菲娅的故事对你是否有所启示?成功的人生与那些蹉跎的人生最大的区别就是行动。如果你能追溯那些成功人士的奋斗之路,你就会感叹:"难怪他会做得这么好!"怎样才能获得最大的成功呢?是马上行动!

如果你梦想成为专家,那就要立刻看看自己适合研究什么专业,立刻分析现在社会的前沿信息是什么,立刻专心于读书学习,立刻开始阅读,不要拖延时间;如果你梦想成为政治家,那就立刻学习演讲、学习写作、学习协调,立刻研究人脉、研究社会、研究管理……

五年后你会遗憾吗

有两个年轻人,他们的能力不相上下,也都一无所有,其中一个年轻人总是积极向上、每天干劲十足、努力充实自己,即使遇到挫折,他依然鼓励自己不能消极;另外一个年轻人,他目标模糊、满足于现状、每天浑浑噩噩、得过且过。想象一下,五年后,他们会有什么不同?

尽管只是五年的时间,他们的差距已经显现出来了,前者通过自己的奋斗,已经小有财富,做人办事顺风顺水,事业越做越大、春风得意;而后者稍微遇到一些问题,便慨叹自己解决不了,每天活在抱怨中,常常为生计、金钱而苦恼。

这两种人,你想做哪一种?当然是第一种!任何人都希望实现自己的梦想,都希望过上自己喜欢的生活,然而,如果你现在不努力,一切都是空谈。任何一个有一番作为的人,都认识到了只有努力才能改变现在的状态,只有努力才能营造出美好的五年。只要你从现在开始就努力，只需要五年的时间，你的生活状态就会发生翻天覆地的变化。

可能很多人一直感叹于他人的成功，也很容易想象自己勇敢的时候是什么样子。但是当需要他们拿出勇气时，他们却有点不知所措。他们其实一点也不勇敢，还会因为恐惧而选择逃避。我们甚至可以用"意志薄弱""两腿打战""脚底发凉"以及"战战兢兢"等词语来描述他们在畏惧时的心态。事实上，我们每个人在人生路上都需要勇气，如果因为畏惧而退缩，这才是人生的悲剧。去做你所恐惧的事，这是克服恐惧的一大良方。大多数人在遇到棘手的问题时，只会考虑到事物本身的困难程度，如此自然也就产生了恐惧感。但是一旦实际着手，你会发现自己的能力足以战胜困难，事情也就能顺利完成了。

那些做人做事怠慢、停滞不前的人，通常都有个缺点，那就是不容易集中注意力。他们很容易被周遭的消极事物影响，发生任何一件事，他们的解释都是负面的，而不愿换一种方式思考。长此以往，他们对事情的认知程度就永远停留在最原始的水平上。

当然，积极地看待事物并不容易，我们首先需要深刻而积极地认识自己、分析自己。当我们对自己有了清醒的认识和积极的定位时，我们便可以为自己画出一张明确而可靠的人生地图。

凯斯特是一名普通的汽车修理工，生活虽然勉强过得去，但离自己的理想还差得很远，他希望换一份待遇更好的工作。有一次，他听说底特律一家汽车维修公司在招工，便决定前去试一试。他星期日下午到达底特律，面试的时间是在星期一。

吃过晚饭，他独自坐在旅馆的房间中想了很多，把自己经历过的事情都在脑海中回忆了一遍。突然间，他感到一种莫名的烦恼：自己并不是一个智力低下的人，为什么至今依然一无所成，毫无出息呢？

他取出纸笔，写下了4位自己认识多年、薪水比自己高、工作比自己好的朋友的名字。其中两位曾是他的邻居，现在已经搬到高级住宅区了，另外两位是他以前的老板。他扪心自问：与这4个人相比，除工作以外，自己还有什么地方不如他们呢？是聪明才智吗？凭良心说，他们实在不比自己高明多少。经过很长时间的反思，他终于悟出了问题的症结——自己性格、情绪存在缺陷。在这一方面，他不得不承认比他们差了一大截。

虽然已是深夜3点钟了，但他的头脑却格外清醒。他觉得第一次看清了自己，发现自己过去很多时候不能控制自己的情绪，例如，爱冲动、自卑，不能平等地与人交往等。

整个晚上，他都坐在那儿自我检讨。他发现自从懂事以来，自己就是一个极不自信、妄自菲薄、不思进取、得过且过的人；他总是认为自己无法成功，也从不认为能够改变自己的性格缺陷。

于是，他痛下决心，自此而后，决不再有不如别人的想法，决不再自贬身价，一定要完善自己的情绪和性格，弥补自己在这方面的不足。

第二天早晨，他满怀自信地前去面试，顺利地被录用了。在他看来，之所以能得到那份工作，与前一晚的感悟以及重新树立起的这份自信不无关系。

在新工作刚开始的两年内，凯斯特逐渐建立起了好名声，人人都认为他是一个乐观、机智、主动、热情的人。在后来经济不景气时期，每个人的情绪都受到了考验。而此时，凯斯特已是同行业中少数可以做到生意的人之一了。公司进行重组时，分给了凯斯特可观的股份，并且给他加了薪水。

美国自然科学家、作家杜利奥提出："没有什么比失去热忱更使人觉得垂垂老矣。"乐观能使人们处于放松、自信的状态，能使人们看到积极、阳光的一面，也能发现新的一面，而不是自暴自弃或怨天尤人。

总之，积极的心态，能够激发我们自身的聪明才智；而消极的心态，就像蛛网缠住昆虫的翅膀和腿一样，束缚人们才华的发挥。如果你抱着积极的心态，从现在开始努力，那么，一切都还来得及。

梦想之旅，任何时候都可以开始

从小到大，每个人都会有许多梦想。有人说："年少时，梦想往往很远大；成年后，梦想常常会缩小；步入盛年，我们的梦想或许越来越少，但是，我们的梦想不再不切实际，而是可以通过努力去实现的。"实际上，一个人只要心中有梦，年纪并不能阻止我们追梦，只要你想做，永远都不晚。

我们发现，不少年轻人总是对生活充满了抱怨，他们会说："其实我并不喜欢现在的生活，我有自己的梦想……"他们有很多所谓的梦想，有很多规划，但没有一件真正去实践；问他为什么不去执行，他的理由有很多，诸如年纪大、生活压力大……果真如此吗？如果真是如此，为何又充满抱怨，为何不寻找方法改变呢？

其实，梦想有时只是个痛快的决定，只要想做，并坚信自己能成功，那么你就能成功，这正是行动的作用。贝尔博士曾经说过这么一段至理名言："想着成功，看着成功，心中便有一股力量催促你迈向期望的目标，当水到渠成的时候，你就可以支配环境了。"

汉斯从哈佛大学毕业后，进入一家企业做财务工作，尽管赚钱很多，但汉斯很少有成就感，沮丧的情绪经常笼罩着他。汉斯其实不喜欢枯燥、单调、乏味的财务工作，他真正的兴趣在于投资，想做投资基金的经理人。

在一次旅途的飞机上，汉斯与邻座的一位先生攀谈起来，由于邻座的先生手中正拿着一本有关投资基金方面的书，双方很自然地就转入了有关投资的话题。汉斯觉得特别开心，总算可以痛快地谈论自己感兴趣的投资了，因此就把自己的观念，以及现在的职业与理想都告诉了这位先生。这位先生静静地听着汉斯滔滔不绝的话语，时间过得很快，飞机很快到达了目的地。临分别的时候，这位先生给了汉斯一张名片，并说欢迎汉斯随时给他打电话。

回到家里，汉斯整理物品的时候，发现了那张名片，仔细一看，汉斯大吃一惊，飞机上邻座的先生居然是著名的投资基金管理人！自己居然与著名的投资基金管理人谈了两小时的话，并给他留下了良好的印象。汉斯毫不犹豫，马上提着行李，飞到纽约。一年之后，汉斯成为一名投资基金的新秀。

这个故事中，汉斯人生的改变来自他和这位基金管理人的结识，但如果他没有下定决心再次找到这位投资人，想必他有可能还在做着单调的财务工作，更不可能实现自己的梦想。

可见，勇敢地尝试新事物，可以帮助我们发现新的机会，使我们迈进从未进入的领域。生命原本是充满机会的，千万别因放弃尝试而错过机会。

事实证明，如果能够跨越传统思维的障碍，掌握变通的艺术，就能应对各种变化，在变化中寻找到新机会。在我们的生活中，有时候必须做出艰难的决定，开始一个全新的征程。只要我们愿意放下旧的包袱，愿意学习新的技能，我们就能发挥自己的潜能，创造新的未来。我们需要的是自我改革的勇气与重新出发的决心。

一个人不愿去改变自己，往往是因为舍不得放弃安逸的现状。而当你发觉不改变不行的时候，你已经失去了很多宝贵的机会。任何成功都源于改变自己，你只有不断地剥落自己身上守旧的缺点，才能做到敢为人先，抓住第一个机会，实现自己的进步、完善、成长和成熟。

另外，在你进行尝试时，难免会产生一种"不可能"的念头，你必须要从心理上超越它，只有这样，你才能站在高处，低头俯视你的问题。

可见，现代社会，没有超人的胆识，就没有超凡的成就。不敢冒险就是最大的冒险，勇于尝试就有机会做第一个成功者。胆量是使人从优秀到卓越最关键的一步。你需要勇气，需要胆量，你不是弱者，机会是给敢于迎接的人的！

总之，梦想具有无穷的力量。只要你追随自己的天赋和内心，你就会发现，你的生命被赋予了更高的意义，你也不再消磨光阴，而是让时间闪闪发光，奋斗也就是快乐的事。因此，年轻人，为梦想努力吧！假如你是学生，如果为分数而努力学习，你就会得到高分数，但如果为充实自己、为求知而读书，除了得到高分数外，你还会获得知识和成长；为了挣钱而做生意，你的努力会帮你实现财富梦，但为了事业而做生意，除了财富外，你获得的还有打拼的快乐；为每月定时发放的薪水而工作，你可能得到较少的薪水，但如果你为提高公司业绩而工作，你不仅会得到较多的薪水，还会获得满足和同事的敬重，你对公司的贡献将会大得多，你的报酬也会多得多。

尽早为你的未来做打算

如果你留心一下周围那些生活得幸福和愉快的年轻人就会发现,他们现如今的快乐是源于曾经的努力。有的人会有这样的问题:"我想报钢琴学习班,可是那些钢琴学校里都是一些孩子,而我已经三十多岁了,会不会很丢脸?""我想学习法语,可是我口吃,我能行吗?"

对此,我们的回答是:"去尝试,去选择,去努力吧!"

人生漫长,年轻是一种心态,年轻的容颜和健康的体魄只不过是它的皮囊而已,真正决定它内在的则是那份不怕失去、敢于重来的勇气。

所以,年轻人,如果你希望在未来过上幸福的生活,从现在开始,你就要早做打算,开始努力。并且,不要被那些消极的思维所左右,不要认为自己年纪大,不要认为自己愚笨,要成为一个积极向上的人,培养自己的热忱,找到自己的目标,我们就能为现在的自己做一个准确的定位。

我刚进入这家公司时，曾接受过一次别开生面的强化训练。

那是在美丽的青岛海滨度假村，我和同伴们沉浸在飘忽而又幽婉的轻音乐里，指导老师发给每人一张16开的白纸和一支圆珠笔。这时，指导老师已在书写板上画了一个大大的心形图案，并在图案里面写上了三个字：我无法……

然后，他要求每个成员在自己画好的心形图案里至少写出三句"我无法做到的……我无法实现的……我无法完成的……"，再反复大声地读给自己、读给周围的伙伴们听。

我很快写出三条：

我无法孝敬年迈的父母！

我无法实现梦寐以求的人生理想！

我无法兑现诸多美好的愿望！

接着，我就大声地读了起来，越读越无奈，越读越悲哀，越读越迷茫……在已变得有些苍凉的音乐里，我感到十分压抑和委屈，泪眼朦胧起来。

就在这时，指导老师却把写字板上的"我无法"改成了"我不要"，并要求每位成员把自己原来所有的"我无法"三个字划掉，全改成"我不要"，继续读。

于是，我又接着反复地读下去：

我不要孝敬年迈的父母！

我不要实现梦寐以求的人生理想！

我不要兑现诸多美好的愿望！

结果，越读越别扭，越读越不对劲儿，越读越感到自责和警醒……

在轰然响起的《命运交响曲》里，我终于觉悟到：我原来所谓的许多"我无法……"其实是自己"不要"啊！

而此时，指导老师又把"我不要"改成了"我一定要"，同样要求每位成员把各自的所有"我不要"三个字划掉，全改成"我一定要"，继续读。

我一定要孝敬年迈的父母！

我一定要实现梦寐以求的人生理想！

我一定要兑现诸多美好的愿望！

越读越起劲儿，越读越振奋，越读越有一种顿悟后的紧迫感……在悠然响起的激荡人心的歌曲里，我豪情满怀，忽然有一种天高路远、跃跃欲试的感觉和欲望。

人生境遇中，难免有令我们灰心的部分，偶尔的消沉是可以理解的，毕竟人都有情绪，但如果长久地沉浸在消极情绪中，你的精神状态乃至你的人生前景就很有可能会因此而受到影响。

其实，即便你已经不再年轻，你依然需要年少时的那份无畏和不羁，要有勇往直前的勇气和尽早努力的态度。人生是一个不断积累的过程，要想获得幸福，要想成为你想成为的人，现在就要开始努力，确立一个切实可行的奋斗目标，然后勇敢地去执行，相信你一定能收获丰富多彩的人生。

第5章

很多事如果现在不做，
可能一辈子都做不了

有人曾说："做你想做的事吧，如果你一生都热爱你所做的一件事情，那么你便已经成功了，你的人生有一份自己的答卷。"这句话告诉生活中的年轻人，从现在开始就要找准自己的方向，找到自己的优势，追随自己的内心，只有这样，你才能朝着既定的目标奋斗，才能真正获得自己想要的人生。

在人生不同阶段，享受相应的人生乐趣

人生是短暂，也是宝贵的，我们若希望自己的人生精彩，就要充分利用自己短暂的一生，让自己不虚此行，走心中向往的那条路。然而，这并不意味着我们应该为了梦想而放弃所有。人生在不同的阶段，有着不同的任务，做好每个阶段该做的事，本身就是随心之举。

人们在童年时期需要的是启蒙教育，要着重培养乐观的性格和良好的生活习惯，享受童年欢快的时光和温暖的家庭生活，使身心健康成长。

在青少年的时候，人们的记忆力特别好，接受新事物特别快，这个时期是学习的大好时光。人们在这一阶段，应培养好的学习习惯，培养健康和广泛的爱好，快速接受各种文化和科学知识，同时在有可能的情况下，多参加各种社会活动，多去旅游，看一看多彩的世界。只要喜欢读书，有条件读书，父母

就要支持孩子一直依照自己的兴趣读下去，有可能的话还应读研究生、博士。

如果你缺失了或者虚度了这个阶段，那么以后想要补回来，就会耽误下一个时段的任务，影响你下一个时段的幸福。

到了20岁至30岁，年轻人便要走出校门，奔向社会，参加工作，这个时候便要适应工作环境和社会环境，同时开始谈恋爱、结婚组建家庭。在这个年纪，他们对爱情有一种幻想和追求，不太看重物质条件，而更重视感情和共同爱好。

到了30岁至40岁，有了家庭，有了孩子，更多的是要负担家庭的责任和父母的责任，珍惜和过好家庭生活，并开始培养孩子。这个时候也是人们年富力强的时候，要开始积累个人的财富。有的人选择在这个时候开始创业，因为30岁前一般来说社会阅历不够，难以成功，而40岁之后精力和创业动力开始不足。

到了40岁至50多岁，则主要是供孩子读书，积累财产，开始为退休生活做准备。

这本来是一条人生的路，但由于社会的变化，人的观念也跟着变化，开始产生了各种社会问题。比如，有的孩子贪玩，家教不严，整天迷恋电脑游戏，到了参加工作的时候，才认识到自己知识的贫乏，找不到好工作，才开始补课学习，这个时候记忆力已经开始下降，加上工作压力和家庭压力，哪里能集中精力学习，结果十补九不足，事倍功半。

又如，有的青年由于追求事业，或者喜欢单身自由的生活，到了35岁或40岁才考虑谈恋爱，结婚生孩子，这个时候，已经过了谈恋爱和结婚的年龄，属于大龄青年。没有激情，选择对象更多的是考虑现实条件和物质生活，好像只是为了完成任务。这种缺乏激情的婚姻往往都不是很美满。

人生中的每一个年龄段，都要完成一生之中1~2件重要的事情，这是自然规律，是人类经过漫长的年代自然形成、不以个人的意志为转移的客观规律。遵从这个规律，人们才能过着健康而快乐的生活，否则生活将会混乱不堪，日子将会过得很累。我们要按照自然规律去生活、去工作。

所以，年轻的朋友们，现阶段你的主要任务是积累人生经验，为人生未来的发展打下坚实的基础，为人生的幸福寻找源头活水。

独立自主，决定你自己的人生

人应该是独立的。每个人都需要有自主意识，才能成为一个独立存在的生命个体。然而，随着物质生活水平的提高，我们发现，一些年轻人正在走着父母为自己铺好的路，这些父母要么把帮助孩子积累财富当成"终生事业"，要么在孩子还年少时就为孩子规划好了一条人生路，而他们没有意识到的是，这会使孩子养成依赖性和惰性，缺乏毅力和恒心，缺乏奋斗精神，将来也无法立足于社会。作为年轻人，一定要记住，人生是自己的，千万不要让他人的意见和看法左右你。

任何一个成功的人，他的成功不仅是因为他自身的勤奋，也因为他善于找到一条适合自己的成功路，拥有与众不同的思想；而那些失败的人，其失败也并非因为他不够努力，而是因为他人云亦云，总是在重复别人的老路。

诗人但丁曾说："走自己的路，让别人去说吧。"这句话的含义是：当你认为自己选择的路正确时，请坚持你的选择，别太在意别人怀疑和反对的态度，坚持自我，你会有更大的突破。

其实，许多事例证明，别人给予你的意见和评价，往往不是正确的。

音乐家贝多芬在拉小提琴时，他宁可拉自己的曲子，也不愿做技巧上的变动，为此，他的老师曾断言他绝不可能在音乐这条道路上有什么成就。

20世纪最伟大的科学家爱因斯坦4岁时才会说话，7岁才会认字。老师给他的评语是"反应迟钝，不合群，满脑袋不切实际的幻想"。

大文豪托尔斯泰读大学时因成绩太差而被劝退。老师认为他"既没有读书的头脑，又缺乏学习的兴趣"。

如果以上诸位成功人士不是走自己的路，而是被别人的评论所左右，他们就不会取得举世瞩目的成就。

生活中渴望成功的年轻人，如果你怀揣着成功梦，就必须有自己的想法。做一个有个性的人，不走寻常路，你才能拥有不同寻常的成功。

理查德是哈佛毕业的高才生，但令人感到惊讶的是，他并没有和其他毕业生一样就职于某家大企业或者成为某一行业的技术骨干，而是成了一个出类拔萃的油漆匠。

理查德之所以成为一位出类拔萃的油漆匠，跟他父亲是有很大关系的。理查德的父亲也是一位手艺很好的油漆匠，他在年轻的时候偷渡到了洛杉矶，非法移民的生活是辛苦的，而他正是凭借这一手好油漆活在洛杉矶站住了脚。后来，他拿到了绿卡，他们一家人也就成了名正言顺的美国公民。

理查德是个懂事的孩子，在他很小的时候，为了减轻父亲的工作压力，经常在放学以后帮父亲干一些油漆活。几年下来，他不仅掌握了父亲所有的手艺，而且有些方面还大有创新，这让他的父亲感到很诧异。

理查德在读书方面也表现出了与众不同的天赋，他在学校的成绩总是全年级前三名，他在社区服务的记录一直是最好的，他还获得过全美中学生美术展油画铜奖，这也使他轻而易举地被哈佛大学录取了。

在哈佛读书的四年，理查德虽然成绩一直名列前茅，但他似乎总为没法做油漆活而大发牢骚，他觉得自己只有在刷油漆时才是快乐的。为此，每到周末，他就赶紧回家摆弄油漆。

很快，四年大学毕业，他坚持不继续深造，而是在洛杉矶找到一份不错的工作。

理查德在工作中也一直很努力，为此，老板嘉奖了他很多次，但他内心总是不忘油漆活。一次，当老板问及他对公司有什么建设性意见时，理查德不假思索地说："公司经常要把一些零部件拿到外面去做油漆，这样浪费了成本不说，每次油漆的质量也不怎么样，如果公司能够成立一个专门的油漆部门，那么，这个问题便能得到很好的解决。"

老板笑着说："这简直太难了吧，买设备倒是小事，我们去哪里招聘那些优秀的油漆技师呢？"

理查德说："用不着招了，你面前就有一个。"

接下来，理查德道明了自己的想法，以及自己过去的经历，他还说，自己想招收一些年轻人，由他亲自培训。这个想法打动了老板，老板当即决定成立油漆部，由理查德任部门经理兼技师。

回家后，理查德兴冲冲地告诉父亲自己升职了。听完儿子的话，父亲半天没说出话来，他当然反对儿子这么做，但他也知道，自己是阻止不了儿子的。事实证明，理查德是对的，经过几年的努力，这个油漆部的工作非常出色，白宫有些用品都指定在这里加工。

为什么理查德的故事在哈佛大学被广为传颂？因为哈佛希望学生们能明白：一个人，只有走自己的路，坚持自己的想法，才能真正走出一条与众不同的康庄大道。

因此，在成长的路上，你不必过于在意别人的看法。如果你所希望走的路与父母的想法相背离时，你是坚持自己的想法还是听从父母的意见呢？如果你与朋友的想法相左，你又该怎么办呢？此时，假如你认为自己的观点是正确的，你就要坚持。相信自己，走正确的路，走自己的路，不怕失误、不怕失败，才能成为一个创新型人才。

不断摸索和尝试，找到自己的人生方向

生活中，我们周围的每一个人都是一个独立的个体，人与人虽然没有优劣之分，但却有很大的不同。这世界上的路有千万条，但最难找的就是适合自己走的那条路。每一个人都应该努力根据自己的特长来设计自己的未来之路，量力而行，根据环境与条件，努力寻找有利条件，不要坐等机会，要自己创造机会，这是个不断尝试和摸索的过程。

同样，生活中的每一个年轻人，都应该尽力找到自己的最佳位置，找准属于自己的人生跑道。当你的事业受挫，也不必灰心丧气，相信坚定的信念定能点亮成功的灯盏。

很多人能够成功，首先得益于他们充分了解自己的长处，根据自己的特长来进行定位或重新定位。

奥托·瓦拉赫是诺贝尔化学奖获得者，他的成功过程极富传奇色彩。

瓦拉赫刚读中学时，父母为他选择的是一条文学之路，不料一个学期下来，老师为他写下了这样的评语："瓦拉赫很用功，但过分拘泥。这样的人即使有着完美的品德，也绝不可能在文学上发挥出来。"

此后，父母只好尊重儿子的意见，让他改学油画。可瓦拉赫既不善于构图，又不会调色，对艺术的理解力也不强，成绩在班上是倒数第一，学校的评语更是令人难以接受："你是绘画艺术方面的不可造就之才。"

面对如此"笨拙"的学生，绝大多数老师认为他成才无望，只有化学老师认为他做事一丝不苟，具备做好化学实验应有的品格，建议他学习化学。

父母接受了化学老师的建议。瓦拉赫智慧的火花一下被点燃了，文学艺术的"不可造就之才"一下子变成了公认的化学方面"前程远大的高才生"。在同类学生中，他的成绩遥遥领先……

可见，成功是多元的，并没有贵贱之分，适合自己的、自己擅长的就是最好的，也便是成功的。奥托·瓦拉赫的成功说明这样一个道理：人的智能发展是不均衡的，有智能的优势和弱点，人一旦找到自己智能的最佳点，使智能潜力得到充分的发挥，便可取得惊人的成绩。这一现象人们常称为"瓦拉赫效应"。幸运之神就是那样垂青于忠于自己个性长处的人。松下幸之助曾说："人生成功的诀窍在于经营自己的个性长处，经营长处能使自己的人生增值，否则，必将使自己的人生贬值。"他还说："一个能把牛奶卖得非常火爆的人就是成功，你没有资格看不起他，除非你能证明你卖得比他更好。"

据说，有一次，爱因斯坦上物理实验课时，不慎弄伤了右手。教授看到后叹口气说："唉，你为什么非要学物理呢？为什么不去学医学、法律或语言呢？"爱因斯坦回答说："我觉得自己对物理学有一种特别的爱好和才能。"这句话在当时听起来似乎有点自负，却真实地说明了爱因斯坦对自己有充分的认识和把握。而现实生活中，有些人在人生发展的道路上，却把命运交付在别人手上，人云亦云，盲目跟风，他们忽视了自己的内在潜力，看不到自身的强大力量，甚至不知道自己到底想要什么，不知道未来的路在哪里。于是，他们浑浑噩噩地度过每一天，一直在从事自己并不擅长的工作和事业，以至于一直无所成就。

成功学专家安东尼·罗宾曾经在《唤醒心中的巨人》一书中非常诚恳地说过："每个人都是天才，身上都有着与众不同的才能，这一才能就如同一位熟睡的巨人，等待我们去为他敲响起床的钟声……上天也是公平的，不会亏待任何一个人，他给我们每个人以无穷的机会去充分发挥所长……这一份才能，只要我们能发现，并加以利用，就能改变自己的人生，只要下决心改变，那么，长久以来的美梦便可以实现。"

尺有所短，寸有所长。一个人也是这样，你在这方面弱一些，在其他方面可能就强一些，找到自己的优势并承认自己的不足，这是一种智慧。其实每个人都有自己的可取之处。比如，你也许没有同事长得漂亮，但你却有一双灵巧的手，能做出各种可爱的小工艺品；你现在的工资可能没有大学同学的高，不过你的发展前途比他的广阔等。

所以，一个人在这个世界上，最重要的不是认清他人，而是先看清自己，了解自己的优点与缺点、长处与不足。弄清楚自己的长处，就更容易在实践中发挥优势，否则，不了解自己的不足，就会使你沿着一条错误的道路越走越远，你的劣势被无限放大，而长处却被你搁浅，你的能力与优势也就受到限制，使自己处于不利的地位。由此，从某种意义上说，是否认清自己的优势与劣势，是一个人能否取得成功的关键。

当然，要想发展自身的优势，首先要做到对自我价值的肯定，这有助于我们在工作中保持一种正面的积极态度，进而转换成积极的行动。

付出比他人更多的努力，变劣势为优势

俗话说"人无完人，金无足赤"，无论是谁，都有优点、长处，也都有缺点、短处，一个人也只有了解自己的优缺点以及能力界限，清醒地看到自己的不足，才能有的放矢地进行弥补。作为年轻人的你，可能现在身上有某些不足，也许工作能力不突出、头脑不够聪明、不善言谈等，但无论如何，都不能妄自菲薄，因为劣势并不可怕，只要你坚持积极的态度，懂得化劣势为优势，就能让自己不断变得完美。

一个人如果不去挖掘自己的潜在能力，这份能力就会自行泯灭。正像格拉宁所说："如果每个人都能知道自己该干什么，那么生活会变得多么好！因为每个人的能力都比他自己感觉到的大得多。"

当然，任何一个人，要想将自己的劣势变为优势，还需要付出比他人更多的努力，只有努力才能实现蜕变。

马克思说:"自暴自弃,这是一条永远腐蚀和啃噬着心灵的毒蛇,它吸走心灵的新鲜血液,并在其中注入厌世和绝望的毒汁。"积极乐观的人能永远跟随自己的内心走,永远相信自己能成为一个优秀的人。为此,你需要做到的是:

1.找到自己人生的优势所在

首先是明确自己的能力大小,给自己打分,通过对自己的分析,深入了解自身,从而找到自身的能力与潜力所在。

①我因为什么而自豪?通过对最自豪的事情进行分析,我们可以发现自身的优势,找到令自己自豪的品质,例如,坚强、果断、智慧超群,从而挖掘出我们继续努力的动力之源。

②我学习了什么?我们要反复问自己:我有多少科学文化知识和社会实践知识?只有这样,才能明确自己已有的知识储备。

③我曾经做过什么?经历是个人最宝贵的财富,往往从侧面可以反映出一个人的素质和潜力状况。

2.挖掘出自己的不足

①性格弱点。人难免会有一些与生俱来的弱点,必须加以正视,并尽量减少其对自己的影响。比如,如果你独立性太强,可能在与人合作的时候,就会缺乏默契,对此,你要尽量克服。

②经验与经历中所欠缺的方面。"人无完人,金无足

赤",每个人在经历和经验方面都有不足,但只要认真对待,善于发现,并努力克服,就会有所提高。

此外,你还要经常自我反省,查漏补缺。日本学者池田大作说:"任何一种高尚的品格被顿悟时,都照亮了以前的黑暗。"只要你多具备了一点自省的心理,便具有了一种高尚的品格!当你取得了一定的成绩后,切不可妄自尊大,也不可盲目自负,人最难能可贵的就是胜不骄败不馁,懂得自我反省,才能不断进步。

可见,你只有非常了解自己的优点和缺点,同时不断地改善自己的缺点,才能使自己的劣势变为优势,才能做到查漏补缺,从而不断地超越自己,朝着积极的方向努力,有一天你也会成为优秀的人。

兴趣是你优势的起点

伟大的科学家爱因斯坦说："兴趣是最好的老师。"子曰："知之者不如好之者，好之者不如乐之者。"也就是说，一个人一旦对某种事物有了浓厚的兴趣，就会有强大的精神动力去主动求知、探索，以达到感性认识和理性认识的统一，形成对事物系统、全面、完整的认识。在这个过程中，他还会产生愉快的精神体验，进而形成一个良性的循环。

而现实生活中，有些人却看不到兴趣的强大作用，甚至不知道自己到底想要什么，他们浑浑噩噩地度过每一天，以至于在充满各种诱惑的社会大潮中迷失了自己。如果你能准确地定位自己，认清自己，找到自己的兴趣所在，那么，你就能充分挖掘自己的内在动力，朝着这个方向努力，从而做回自己，发挥自己的价值。

任何一个中国人，都对姚明这个名字耳熟能详，但人们可能不知道，他在篮球事业上的辉煌，来自他成长过程中的兴趣。实际上，他的兴趣并没有刚开始就锁定在篮球上。他曾经说过："最重要的就是去做你真正想做的事情，跟着兴趣走。"

在姚明小时候，他和很多同龄的男孩子一样，喜欢枪，喜欢玩游戏，喜欢自由自在的生活，做自己喜欢做的事情。但后来，他开始喜欢看书，尤其喜欢看地理方面的书籍。他的父亲说："有一段时间姚明还对考古发生了兴趣，再往后，喜欢做航模，他第一次在体工队拿了工资，就去买了航模回来自己做。再后来就喜欢玩游戏机了。"

姚明的家庭是民主自由的，尤其在他的学习上，他的父母从来不强迫他，而是以启发为主，重视培养他的兴趣，而这种方式让姚明享受到了学习的乐趣。长大之后，每当有人问起他的童年，他都会说："我是玩过来的，没人逼迫我学习。"

姚明、姚明的父母和他当年的老师、教练以及小伙伴都说，其实他刚开始并不喜欢篮球，对当年的他来说，篮球只不过是一种游戏。

而直到他9岁的时候，姚明才开始对篮球有点兴趣。到12岁时，他已经非常喜欢篮球这项运动了。父母把他送到上海体育学院，他在那儿每天都要打几小时的篮球。由于离家的路途比较远，姚明住校，这使得他有更多的时间打篮球，他对篮球也越发专注了。

萨博尼斯是姚明刚开始打球时的偶像，每当他在场上时，他都会效仿他的偶像打球的方式。后来，姚明很关注当时的休斯敦火箭队。这支球队以另一个敏捷的大个子哈基姆·奥拉朱旺为首，1994年和1995年连续两年赢得NBA的总冠军。姚明迷上了这支球队，也非常崇拜奥拉朱旺。这些都使姚明对篮球更感兴趣，也使他打球的动力更足。

姚明因对篮球的兴趣而成为伟大的球星。从姚明身上，我们可以发现，兴趣对一个人的成长、个性的形成乃至人生的发展都有着巨大的作用。然而，并不是每个人都能让兴趣发挥如此巨大的推动作用，兴趣的产生也不是与生俱来的，它是在学习和实践中发展起来的。我们若想找到自己真正的兴趣所在，可以这样做：

首先，你可以从培养自己的好奇心开始。生活中，我们经常会遇到一些未知的事物，很多人对这些未知事物都采取一笑置之或者漠然的态度，而实际上，这正是培养兴趣的关键，没有好奇心，就没有探求的欲望，也就谈不上兴趣。比如，当看到美丽的彩虹，你会产生一些疑问，为什么会出现彩虹呢？真的是天女所为？要消解这些疑问，就需要你进一步查看相关书籍，了解这些知识，兴趣也就这样开始了。

其次，你需要保持持续的热情。有些人的确有好奇心，但总是三分钟热度，比如，他们喜欢弹琴，但持续不了一个月，这样，即使他们再有天分，弹琴技巧也会退步。可见，要培养一份兴趣，就要保持持续的热情，每天进步一点，你就会把这一兴趣变成生活习惯，长此以往，自然会有所提高。

当然，无论做什么事，最怕的就是蜻蜓点水、不求甚解。生活中，一些人兴趣爱好广泛，但却做不到精益求精，这又怎么能真正让兴趣发挥作用呢？兴趣不只是对事物的表面的关心，而需要我们不断参与，并且贵在坚持！

第6章

你不马上行动，只能在遗憾的泥潭里越陷越深

有位伟人说过："世界上只有两种人：空想家和行动者。空想家们善于谈论、想象、渴望，设想去做大事情；而行动者则是去做。"也许有人会说，我还年轻，有大把的时间，但你可能还没有意识到，现在的你还有大把的时间，但如果你不立即去做的话，青春只会被白白浪费掉。而如果你能培养出高效执行力，一切成功都会随之而来。

不但要有想法，更要有行动

生活中，我们常常需要做抉择——实行或者不实行，我们总是试图通过精确的思考，获得我们最想要的结果。但很多时候，正是因为我们思考得太复杂、太精细，反而导致了我们瞻前顾后，丧失行动的勇气，最终，时间白白流逝，成功的机会也在犹豫不决中失去，留下的只有遗憾。

生活中，有不少年轻人并不能做到勇敢地抉择，他们常被身边的各种问题困扰、烦心，太容易被周围人的闲言碎语所动摇，太容易左顾右盼，患得患失，以至于让外来的力量左右自己的机会，似乎谁都可以在他们思想的天平上加点砝码。他们随时都有可能因别人的观点而变卦，致使自己没有坚定的立场，这是成功路上的一大障碍。

你是否经历过以下场景：下班后，你需要留下来加班工作，但同时身为你竞争者的同事却一直在给你打电话，约你去喝一杯。你怎么办？你是继续加班还是禁不住他的诱惑？如果你选择后者，那么，这只能说明你是个容易被他人影响的人。

成功学创始人拿破仑·希尔说："生活如同一盘棋，你的对手是时间，假如你行动前犹豫不决，或拖延地行动，你将因超时而痛失这盘棋，你的对手是不容许你犹豫不决的！"

因此，如果你是个珍惜时间且渴望有所作为的人，那么，你就必须努力成为一个有主见的人，对于任何事，如果你在做抉择时左思右想，只会延误时机。在做决定前，一定要思虑周全，但千万不能瞻前顾后。所谓不要瞻前顾后，就是不要考虑别人如何评价我们、如何看待我们、我们能得到什么回报、获得什么荣誉。别人给予的评价是在事情完成之后，而不可能在行动之前或行动中；而那些客观的、中肯的评价，往往要在事情完成之后很久才能做出。那些当时给予的表扬和奖励都是鼓励性质的，不是真正客观的、准确的评价。

《聊斋志异》中有这样一则故事：

两个调皮的牧童进了深山，看到一个狼窝，发现了两只小狼崽。他们准备带走这两只小狼崽，老狼看到后心急如焚，就准备抢回小狼崽。

两个聪明的牧童各抱一只小狼崽分别爬上大树，两树相距数十步。老狼在树下准备救狼崽，但却发现两只狼崽被放在不同的树上。

一个牧童在树上掐小狼的耳朵，弄得小狼嗷叫连天，老狼闻声奔来，气急败坏地在树下乱抓乱咬。此时，另一棵树上的牧童拧小狼的腿，这只小狼也连声嗷叫，老狼又闻声赶去。老狼就这样不停地奔波于两树之间，终于累得气绝身亡。

这只狼之所以累死，原因就在于它企图救回自己的两只狼崽，一只都不想放弃。但只要它守住其中一棵树，用不了多久就能至少救回一只。

我们没有理由说狼很笨。古人云："用兵之害，犹豫最大；三军之灾，生于狐疑。"就是这个道理。

可见，我们在做判断的时候，对世俗的复杂环境，能避开的就避开，不要轻信别人的胡言乱语，要有自己的主见。你要有坚定的信念，只有当机立断，相信自己的判断和能力，远离小人，你的事业才会成功。

这个道理同样可以运用到如何抓住机遇上，在你决定做一件事情之前，应该运用全部的常识和理智慎重地思考。如果发现好的机会，就必须抓紧时间，立即采取行动，才不至于贻误时机。如果犹豫、观望而不敢决定，机会就会悄然流逝，让你后悔莫及。瞻前顾后的行动习惯会使人丧失许多机遇，很多时候，很多事情，只要我们能横下心去做，事情的结果就会大不相同。

在工作和生活中不乏这样的人，他们想法很多，行动却很少。因为他们在准备实践的时候，总是反复权衡利弊，再三仔细斟酌，甚至举棋不定，而这样肯定会贻误良机，让人后悔莫及。成功素质不足、自信不足、心态消极、目标不明确、计划不具体、策略方法不够多、知识不足、过于追求完美，这些都是他们犹豫不决、不敢行动的原因。最大的成功不属于那些嘴上说得天花乱坠的人，也不属于那些把一切都设想得极其完美的人，而完全属于那些脚踏实地去干的人。

想要有效运用自己的独立思考能力，首先要培养自己正确的思维判断能力，但最关键的还是要坚定、勇敢、自信地去付诸行动。对一个坚定朝着自己目标前进的人，别人一定会为他让路；而对一个踌躇不前，走走停停的人，别人一定会抢到他前面去，决不会让路给他。

那么，如何克服犹豫不决呢？经验证明，以下方法卓有成效，不妨一试：做事时，要有"今天是我们生命中的最后一天"的决心。

"假如今天是我生命中的最后一天"，这是美国作家奥格·曼狄诺警示人生的一句话。无论是谁，无论是想做一件什么事，如果优柔寡断，必定一事无成，而这种"最后一天"

的意识，恰恰似一把利刃，可立即斩断你混乱的思绪，也像一口警钟，督促你当机立断，刻不容缓。

同时，你还要放下包袱不顾一切，要有一种豁出去的心态。"大不了就是做错了""大不了就是被人笑话一顿"，而这些又能对你怎么样呢？一旦你有了这种意识，肯定就可以敢作敢当，优柔寡断的现象也会在你身上消失得无影无踪。

不要小看了优柔寡断给我们带来的副作用，很多改变命运的契机，都因为优柔寡断而与我们失之交臂，永不再来。

总之，你需要明白的是，培养自己的执行力极为重要，机会稍纵即逝，不会留下足够的时间让我们去反复思考，反而要求我们当机立断，迅速决策。如果我们犹豫不决，只会两手空空，一无所获。

不做懒汉，立即行动起来

人们常说，人生苦短，行色匆匆，有的人青云直上、事业有成，有的人庸庸碌碌、毫无作为。这两种完全不同的人生情景，实则来源于截然不同的两种人生态度，前者珍惜时间、勤奋拼搏；后者则懈怠拖延、行动迟缓。我们每个人每天都只有24小时，成功人士的共同点之一，就是善于高效地利用时间。不会管理时间，便什么都做不好，但管理时间的第一步，就是要学会珍惜时间。勤奋可以使聪明人更具实力，而懒惰则会使聪明人最终泯然众人，成为时代的弃儿。如果你是个懒惰的人，那么，从现在起，你最大的任务就是克服自己的惰性。

我们要珍惜现在的时光，从现在开始，立刻行动起来，时光易逝，烟花易冷，千万别让懒惰耗尽了你的生命。然而，生活中，每个人都有懒惰的心理，这是人类的天性。面对惰性，有的人浑浑噩噩，意识不到这是懒惰；有的人寄希望于明日，总是幻想美好的未来；而更多的人虽然想克服这种行为，但往往不知道如何下手，因而得过且过，日复一日。但只有那些能与惰性作斗争并最终克服惰性的人，才能走向成功。我国著名数学家陈景润就是最好的例子。

陈景润进了图书馆，就像掉进了蜜罐，舍不得离开。每天一早，陈景润吃过早饭，拿着两个馒头和一些咸菜便去了图书馆，在这里坐着看书，中午饿了就拿出馒头和咸菜，边啃边继续看书。

到了晚上，图书馆下班的铃声响起，图书馆管理员大声喊道："下班了，请离开图书馆！"大家纷纷离开，而陈景润仍沉浸在知识的海洋中，完全不受外界的打扰，还在专注地看书。

管理员以为所有人都离开了，于是锁上图书馆的门也回家了。

时间悄悄流逝，天渐渐黑了，陈景润看着窗外，还以为阴了天要下雨了，正准备去开灯，突然意识到已经晚上了。这时他才急了起来，因为他晚上还要回宿舍继续完成昨天没有做完的数学题呢！

正是因为陈景润的勤奋努力，他才能在数学领域不断取得成就，被称为"哥德巴赫猜想第一人"。

一个人不可能随随便便成功，陈景润向每个渴望成功的年轻人展示了这个道理。我们都很惊羡于陈景润的成功，但却做不到陈景润的努力与勤奋。那么，你不妨问问自己：你能和陈景润一样勤奋吗？你能不为自己的懒惰找借口吗？如果你的回答是否定的，那么，你就知道症结所在了。

懒惰是所有强者的宿敌，很多懒惰的年轻人在心理态度方面都有问题。他们吝于在工作中使出全力，觉得如果尽力而未能成功，就会很丢脸面。他们的理由是，既然未曾尽力，那么失败了也可以振振有词，不愁找不到借口。他们并不在意失败，因为他们从未认真地去做过。他们时常耸耸肩膀说："这对我没有什么两样。"而这样的人，是终将一事无成的。

懒惰是现代社会中很多年轻人共同的缺点，他们总是为自己的懒惰找借口，而正因如此，他们最终也丧失了很多可能成功的机会。因为人的一生，能够有所作为的时机只有一次，那就是现在。

要克服惰性心理，首先就要认识到它的负面效应。懒惰拖延并不能帮助我们解决问题，也不会让问题凭空消失，它只是一种逃避，甚至会让问题变得更严重。

那么，我们该怎样克服惰性呢？你如果有兴趣坚持尝试一周以下方式，你会发现你整个人很不同了。

可以先用一天到两天的时间给自己做一个行为记录，把你通常每天要做的事情记下来，记录你所有的生活活动。这样，即使粗略地记，大约也会有几十件。然后把其中一些吃饭穿衣等必须完成的事情剔除，把剩下的几十件事情按照你的兴趣排列，把你最不喜欢做的事情放在第一位，把你最喜欢做的事情放在最后一位。最后，你就可以在接下来的一周内进行实践了。每天一早起来，从你最不喜欢的事情开始做起，并且坚持做完第一件事情，再做第二件事情……一直做到最后一件你喜欢的事情。

在整个过程中，你开始会稍觉得困难，但只要花很少的力气坚持，你就能顺利进行下去。千万不要在中途跳过那些你不喜欢做的事情。

这是一种强化作用的方式——先处理最困难的事情，再处理稍困难的事情，这是一种对于前面行动的强化，随着完成的事情越来越多，强化的效果会越来越大，一直大到你觉得有力量来完成任何事情。

对于减轻惰性，这种方式具有很大的效果。而对于经常有抑郁心情的人，这种生活方式将直接改变抑郁的诱因，很容易使抑郁的情绪结束，而只要坚持，抑郁的生活方式就会永远结束。通过结束惰性或抑郁的行为，从而结束惰性或抑郁的心理。

当你能真正做到自制的时候，你可以自我奖励一番；当你能坚持一段时间的时候，你可以及时肯定自己，然后记录进步，在获得某种成就感之后，你会找到继续努力的动力。如果你愿意尝试，并且多一些坚持，你将发现，生活着，工作着，是多么轻松有趣的事情！

今日事今日毕，别总是拖到明天

我们都听过那首著名的《明日歌》："明日复明日，明日何其多，我生待明日，万事成蹉跎。世人若被明日累，春去秋来老将至……"时光易逝，任何事都要立即去做，拖延只会拖垮我们的人生。现代社会中，很多人似乎总是那么忙碌，但是为什么事情要到最后的时候才开始着手？实践告诉我们，不是时间不够、事情太多，而是我们总在拖……拖延是偷窃时间的贼。不知你是否有这样的体验，越是手边的事情多的时候就越容易走神，比如，上网看看新闻，查查邮件，回复邮件。真正该做的事情要么难以进行，要么就不想开始。生命就是在这样的拖延中浪费了。

鲁迅说过："伟大的事业同辛勤的劳动成正比，有一份劳动就有一分收获，日积月累，从少到多，奇迹就会出现。"无论是工作、生活还是学习，无论大事还是小事，凡是应该立即去做的事情，就应该立即行动，决不拖延，要尽全力日事日清。我们的一生中，确实有很多个明天，但如果把什么都放在明天做，那明天要做的事呢？明天的明天呢？有句话说得好，"我们活在当下"，明天属于未来，我们只有把握好现在，才能决定明天的生活。

寒号鸟与众鸟不同，它长着四只脚，两只光秃秃的肉翅膀，不像一般的鸟那样拥有轻盈的翅膀，不会在天空飞行。其实，寒号鸟原本不是这样的。

夏天的时候，寒号鸟比其他鸟类更漂亮，它全身长满了绚丽的羽毛，样子十分美丽。因此，寒号鸟骄傲得不得了，认为自己已经是最漂亮的鸟了，甚至不把鸟类之王——凤凰放在眼里，它每天也不干活，只是炫耀自己的美貌。

夏天过去了，秋天到来，所有的鸟类都各自忙开了，它们有的开始飞向南方避寒，也有的在准备过冬的食物。而只有寒号鸟，既没有飞到南方去的本领，又不愿辛勤劳动，仍然整日东游西荡，还在一个劲地到处炫耀自己身上漂亮的羽毛。

冬天终于来了，大雪纷飞，天气寒冷极了，所有的鸟类都躲起来过冬了，这时的寒号鸟却饥寒难耐，身上美丽的羽毛也都掉光了，它更冷了，只好躲在石缝里避寒，它不停地叫着："好冷啊，好冷啊，等到天亮了就搭个窝啊！"等到天亮后，太阳出来了，温暖的阳光一照，寒号鸟又忘记了夜晚的寒冷，于是它又不停地唱着："得过且过！得过且过！太阳下面暖和！太阳下面暖和！"

整个冬天，寒号鸟都这样凄惨地过着，过一天是一天。等到春天来临，其他鸟类飞过石缝旁边时，发现寒号鸟已经冻死在岩石缝里了。

这个寓言故事说明了，拖延就是对我们宝贵生命的一种无端浪费。几乎每个人都清楚地知道，拖延是不好的习惯。可是，你是否真正思考过，多年来拖延给你带来了多大的损失呢？

如果你也有拖延症，那么，你必须想方设法将其从你的个性中除掉。如果不下决心现在就采取行动，事情将永远不会完成。

其实，拒绝拖延的行为习惯，首先要有一个绝不拖延的态度，只要你坚持采取这种态度，久而久之就会形成一种习惯，最后，这种习惯就永远融入你的生命里了，成为你个人魅力中的优秀品质。正如勤奋努力的正面力量一样，拖延的反面力量同样强大。每天进步一点点，持之以恒，水滴石穿，你必将成就自我；而每天拖延一点点，你的惰性会越来越大，长久下去，你将跌入万丈深渊。

而实际生活中，每天还是有那么多的人在浪费着自己的生命。伍迪·艾伦说过："生活中90%的时间只是在混日子。大多数人的生活层次只停留在为吃饭而吃，为搭公车而搭，为工作而工作，为回家而回家。他们从一个地方逛到另一个地方，使本来应该尽快做完的事情一拖再拖。"在我们周围，也包括我们自己，在做事的过程中，因各种事由造成拖延的消极心态，就像瘟疫一样毒害着我们的灵魂，影响和消磨着我们的意志和进取心，阻碍了我们正常潜能的发掘，让我们到头来一事无成。

总之，如果你想成功，想成为你理想中的人，最好的办法是这样：播下一种行动，你将收获一种习惯；播下一种习惯，你将收获一种性格；播下一种性格，你将收获一种成功。因为建功立业的秘诀就是：绝不拖延，立即行动！光"说"不"练"肯定不行，这就要求我们平时就养成立即行动的习惯；一旦发生了紧急事件，或者当机会来临时，能够好好把握，做出强有力的反应。同时，当我们对事情有某种想法时，一定要设定完成期限，并告诫自己这是无法变更的，这样一来，你就没有再拖延的借口。

立即行动,不耽误一秒钟

当今社会,市场竞争异常激烈,市场风云瞬息万变,信息的传播速度大大加快。可以说,谁能抢先一步获得信息、抢先一步做出调整以应对市场变化,谁就能捷足先登,独占商机。如果你是一个渴望在竞争中获胜的人,你就应该明白一点,这是一个"快者为王"的时代,速度已成为一个人生存以及发展的基本法则。而要做到这点,你就要做到立即行动,毫不犹豫,与此同时,你要着力培养自己的判断力和执行力,以提高成功的可能性。

美国著名的商业家约翰·沃纳梅克这样说:"没有什么东西你是想得到就能得到的。"比尔·盖茨说:"不要认为那些取得辉煌成就的人有什么过人之处,如果说他们与常人有什么不同之处,那就是当机会来到他们身边的时候,立即付诸行动,决不迟疑,这就是他们的成功秘诀。"成功的人与那些蹉跎人生的人最大的区别，就是行动力。怎样才能获得最大的成功呢？那就是立即行动！生活中的年轻人，不要再感叹时光荏苒，从现在起，立即行动吧，一秒也不要耽误，也许下一刻你就会成功！

很多时候，我们浪费太多的时间来预测未来，以致延误了做出决策的时机。

王安博士是计算机名人，在他6岁时，曾发生了一件影响他一生的事。

一天，他外出玩耍，经过一棵大树时，一个鸟巢突然掉到他头上，从里面滚出了一只嗷嗷待哺的小麻雀。小孩的心是善良的，于是，他决定把麻雀带回家喂养，便连同鸟巢一起带回了家。

王安走到家门口，忽然想起妈妈不允许他在家里养小动物。所以，他轻轻地把小麻雀放在门后，急忙进屋去请求妈妈，在他的哀求下，妈妈破例答应了儿子的请求。王安兴奋地跑到门后，不料小麻雀已经不见了，一只黑猫正在意犹未尽地擦拭着嘴巴。

王安为此伤心了很久。

这件事给了他很大的教训：只要是自己认定的事情，绝不可优柔寡断。犹豫不决固然可以避免做错事，但也失去了成功的机会。

正是因为他记住了这个教训,所以王安在人生的道路上成就了一番大事业,成了计算机界的名人……

这只是一件小事,但也告诉我们,一次迟疑很可能就延误了行动的最佳时机。行动的天敌就是拖延,停止拖延的最好方法就是马上付诸行动。从不拖延,今日事今日毕。我们做事要坚决果断,这是成功者最为重要的内在素质。

有人说,世界上的人分别属于两种类型。成功的人都很主动,我们称他为"积极主动的人";那些庸庸碌碌的普通人都很被动,我们叫他"被动的人"。仔细研究这两种人的行为,可以找出一个成功原理:积极主动的人都是不断做事的人,他真的去做了,直到完成为止;被动的人都是不做事的人,他会找借口拖延,直到最后证明这件事"不应该做""没有能力去做"或"已经来不及了"为止。

有人说,天下最悲哀的一句话就是:我当时真应该那么做,却没有那么做。每天都会听到有人说:"如果我在那时谈下那笔生意,早就发财了!"或"我早就料到了,我好后悔当时没有做!"一个好创意如果胎死腹中,真的会叫人叹息不已,感到遗憾,永远不能忘怀。如果真的彻底实行,当然就会带来无限的满足。

那么，该怎样克服拖延的坏习惯呢？以下几点可供我们参考：

首先，承认自己有拖延的习惯，有意愿克服才能成功解决问题。

其次，要找到拖延的原因。很多人迟迟不敢动手，是因为害怕失败，如果是这一原因，你就应强迫自己做。告诉自己这件事非做不可，这样你终会惊讶于事情竟然做好了。

再次，严格地要求自己，磨炼自己的毅力，爱拖延的人多半都是意志薄弱的。当然，磨炼自己的意志并非一朝一夕就能做到的，需要你从小事、简单的事做起，并坚持下来。

不要总为自己找借口。如"时间还早""现在做已经太迟了""准备工作还没有做好""这件事做完了又会给我其他的事"等。

最后，避免做了一半就停下来，这样很容易让人对事情产生厌烦感。应该做到告一段落再停下来，这样会给你带来一定的成就感，促使你继续做下去。

一个人之所以拖延、不立即执行，并不是能力的不足和信心的缺失，而是在于平时养成了轻视工作、马虎拖延的习惯，以及对工作敷衍塞责的态度。要想克服这一点，必须要改变态度，以诚实的态度，负责、敬业的精神，积极、扎实的努力，去做好工作。

总之，你若渴望获得一番成就，就要有强大的执行力。因为执行是最重要的，执行力就是竞争力，成败的关键在于执行。

做事要有计划,别陷入杂乱无章中

生活中有这样一些人,他们总是不停地忙碌,连喘口气的时间都没有,每天早上,他们匆匆忙忙赶到自己的公司,发现办公室一团糟,员工们还未到,于是,他开始亲自打扫办公室,然后整理自己的办公桌,却发现要整理的东西越来越多;会计将上个月的财务报表拿给他看,他发现,公司规模不大,开支却很大;接着,秘书告诉他下午要会见几个客户,午饭后,他把大部分时间都花在了第一位客户身上,而其他几位客户只能更改会见的时间……还有一种人,他们做事从容、不慌张,早上,他和家人一起吃一顿营养的早餐,然后来到公司;他昨天已经将第二天要准备的事项安排好,即使大家都忙得不停,他还是能有条不紊地进行自己的工作,没有混乱、矛盾和不必要的重复,一切井井有条地进行着……

身处职场的你,更愿意做哪一种人呢?毫无疑问应该是后者，无论现在你从事什么工作，正在学习什么，或者你的目标是什么，你如果想更高效地工作、想获得进步，你就要懂得管理时间，学会协调每天的事务。

程成30岁，大学毕业后的他没有和其他同学一样找工作，而是向父母和亲戚朋友借钱开了现在的这家广告公司。目前，他的公司蒸蒸日上，被很多老同学羡慕，而最重要的是，他们发现，程成似乎不像那些民营企业老板一样忙得晕头转向，而是每天有大把的时间，好像他有神仙相助一样。对此，程成坦言：

"经营一家公司，不是你事必躬亲、亲力亲为就能做好，而是要懂得合理安排时间和授权，每天的时间只有24小时，只有抓大放小、把精力放到最主要的问题上，才能把事情做好，不至于让自己太忙碌。我喜欢做工作计划表，并把安排给员工的工作内容一并计划进去，有时候，我早晨去一趟公司，安排一下事情就走了，员工照样做得很好。"

程成的故事告诉很多职场年轻人，做好工作的关键就在于规划、安排和管理。

也许你也明白，真正要做好工作并不复杂，真正的难点在于如何将这些事有条理地完成。效率高的人绝不会盲目着手，而是会先找到最佳的方法，从而精简任务、避免浪费时间，妥善管理各项工作。要想轻松做好工作，取得成效，不妨从以下几方面入手：

1.制订工作计划

有计划，就是凡事分轻重缓急。先做重要的、紧急的事，按照这一原则逐渐落实工作中的大小事。

2.抓住主要矛盾

做任何工作，都切记不要眉毛胡子一把抓，而要先确定最重要的事。

3.善于做总结

每天工作结束后，都要回顾当天工作的完成情况，然后做好工作总结。

另外，每个人在每天的不同时间段，精力状态不同，做事效率自然也不同，为此，可以在最佳的时间段内做那些重要的、能动性强的事情。

此外，在做时间安排时，你还要注意留一些应对意外状况的机动时间，如果每天的安排太满，也容易造成身心太过疲惫。也许你是个很会规划时间的人，你会为你的每一段空余时间都做好规划，但你想过没有，朋友的一个紧急电话、生病要看医生或者家里来了一个亲戚，都会打乱你的计划，所以，无论怎么样计划，都不可能把所有要做的事情计划完，不可能把一切安排得天衣无缝。当很多事情面临选择的时候，当有些任务实在无法完成的时候，我们该怎么办？这个问题的答案就是：别把日程安排得太满，学会安排一些机动时间。只有回答好了这个问题，我们才能真正理解如何管理时间。

因此，效率专家建议我们，每天都至少要为自己安排一小时的空闲时间。比如，你今天要接待一位客人，那么，你可以在接待完客人之后给自己留出一段空白时间，或者你也可以为自己安排出足够的时间检查邮件及完成一些书面工作。尽量把那些必须完成的工作提前完成，这样在被打断的时候，你就不会过于焦虑或者烦躁了。

再者，你还要学会舍弃一些不必做的事。将日程表拿出来，逐项地问："这件事如果不做，会有什么后果？"如果认为"不会有任何影响"，那么这件事便可以立刻取消。

然而许多大忙人，天天在做一些他们觉得难以割舍的事，如应邀演讲、参加宴会、担任委员和列席指导之类，不知占用了他们多少时间。其实，对于这类事情，只要审度一下对于组织有无贡献，对于自己有无贡献，或是对于对方的组织有无贡献。如果都没有，完全可以谢绝。

做了计划后，就一定要按照计划做事，如果还是按照自己的想法做事，那计划就落空了。对于已经完成的计划，你可以逐一删除，这样能增加你的成就感。

总之，你每天都要面临大量的工作任务，但你的能力又是有限的，只有在工作之前就做好规划和安排，才能游刃有余、事半功倍！

事情要分轻重缓急,别眉毛胡子一把抓

现代社会,时间已成为一种有限的资源,时间就是金钱,时间就是生命。然而,不少初入社会的年轻人总是觉得自己很忙、时间不够用,总是觉得效率不高,最重要的是,一些在他们看来重要的事似乎总是被遗忘,这是为什么呢?其实,这主要是因为人们总是习惯把那些最重要的事情放到最后处理,而人的精力是有限的,我们工作一段时间后,势必会感觉疲乏,那些最重要的事也就无心处理了。

因此,如果我们在做事之前先静下心来,厘清思绪,合理安排,列出事情处理的先后顺序并将重要的事优先处理,事情往往会达到事半功倍的效果。

这天,伯利恒钢铁公司总裁查理斯·舒瓦普去会见效率专家艾维·利。

见面不久,艾维·利就称他能帮助舒瓦普把他的钢铁公司

管理得更好。舒瓦普说自己学习了很多管理理论，不过，他的管理仍旧不怎么令人满意。他告诉艾维·利，他已经不需要那些书本上的管理知识了，他需要的是实际行动，需要的是如何更好地执行计划。

艾维·利说可以在10分钟内给舒瓦普一样东西，这样东西能使他的公司的业绩提高至少50%。然后他递给舒瓦普一张空白纸，说："在这张纸上写下你明天要做的六件最重要的事。"过了一会儿又说："现在用数字标明每件事情对于你和公司的重要性次序。"这花了大约5分钟。艾维·利接着说："现在把这张纸放进口袋。明天早上第一件事情就是把这张纸条拿出来，做第一项。不要看其他的，只看第一项。着手办第一件事，直至完成为止。然后用同样方法对待第二件事、第三件事……直到你下班为止。如果你只做完第一件事情，也不要紧，因为你总是做着最重要的事情。"

艾维·利又说："记住，以后每天你都要这样做，如果你觉得这种方法有效，那么，请你的职员们也这样做。这个实验你爱做多久就做多久，然后给我寄支票来，你认为这个方法值多少钱就给我多少。"

整个会见历时不到半小时，但就在几个星期之后，效率专家艾维·利就收到了一张2.5万美元的支票，还有一封信。信上说从钱的观点看，那是他一生中最有价值的一课。后来，这个当年不为人知的小钢铁厂一跃成为世界上最大的独立钢铁厂，艾维·利提出的方法功不可没。

生活中，很多人都感到时间不够用，觉得自己太忙，但却总是把那些重要的事一拖再拖，以至于总是忙不出头绪来。

我们常常有这样的感触：一天内，我们除了工作外，还需要生活、休息，我们要做的事情实在是太多了。单以工作为例，就有做不完的报表，开不完的会，见不完的客人……

于是，我们会选择做个时间计划表，时间被安排得满满当当，所有事务也都被安排进去，但实际上，我们在执行的时候，依然发现很难完成。这是为什么呢？因为这份计划表缺乏条理性。

无论是工作还是生活，都是要有章法的，不能眉毛胡子一把抓，要分轻重缓急，这样才能一步一步地把事情做得有节奏、有条理，达到良好的效果。法国哲学家布莱斯·巴斯卡说："把什么放在第一位，是人们最难判断的。"那么，我们该如何有计划地安排自己的工作呢？

以下是两个建议：

1.每天开始都有一张计划表，把事情按先后顺序写下来每天早上挑出最重要的三件事，当天一定要能够做完。而且每天这三件事里最好有一件重要但是不急的，这样才能确保你不成为急事的奴隶。

把一天的事情安排好，这对于你成就大事情是很关键的，这样你可以每时每刻集中精力处理要做的事。把一周、一个月、一年的时间安排好，也是同样重要的，这样做会给你一个整体方向，使你看到自己的目标。

真正的高效能人士都是明白轻重缓急的，他们在处理一年、一个月或一天的事情之前，总是按照事情的主次来安排自己的时间。

2.按照事情紧急和重要程度来安排时间

事情大致可以分为四种类型，管理者应该根据每种事物的类型来安排工作的先后顺序。

首先，紧急且重要的事情。这类事指的是火烧眉毛之事，比如，事关企业效益的事、重要会议、设备出故障等。对于这类事，一般都不可马虎，必须花上整天的时间来处理，直到解决为止。

其次，紧急但不重要的事情。对于接打电话、批阅文件、日常会议等事务，也需要管理者尽快处理，但不宜花去过多的时间。

再次，重要但不紧急的事情。有些事务，诸如人才培养、远景规划等，这些事务看起来并不紧急，可以从容地去做，但却是需要管理者下苦功夫、花大精力去做的事，是管理者的第一要务。

最后，不紧急也不重要的事情。包括无意义的会议、可去可不去的应酬等。对于这类事务，管理者可先想一想："这件事如果根本不去理会它，会出现什么后果呢？"如果答案是"什么事都不会发生"，那你就应该放慢脚步甚至是不必去做了。

总之，在工作和生活中每天都有做不完的事，唯一能够做的就是分清轻重缓急。只要我们合理安排时间，就可以不慌不乱，还会有一些充裕的时间享受生活。

第7章

默默前行，
成功者都有一段寂寞的时光

在人生旅途中，很多人为明天而焦虑，尤其是那些初入社会的年轻人，他们总是担心明天的生活、明天的工作，但实际上，这只不过是杞人忧天，谁也无法预料到明天，我们所能掌控的只有当下。并且，在实现人生目标的过程中，一个人只有内心平静、努力充实自己，等待时机、不骄不躁，才能悠然自得、从容不迫。不去羡慕别人，你才会找到自己的生活，完成自己的事业，实现自己的目标。

是时候告别浑浑噩噩的人生了

人生在世,想要有一番成就,就必须要有目标,这是毋庸置疑的。正是因为这一点,现实生活中的很多人,认为自己当下的工作根本谈不上"惊天动地的事业",于是,他们总是渴望拥有一份更能发挥自己能力与价值的工作,对自己的本职工作便心不在焉。而实际上,热爱我们的工作并做到专心致志、全力以赴,是每个社会人的职责,也是让自己快乐的源泉。当我们全身心地投入我们所从事的工作时,就能产生火热的激情,它能让我们每天在工作中全力以赴。久而久之,持续的努力付出自然会有回报,你将因出色的表现获得巨大成就。

任何时候,成功都始于源源不断的工作热忱,你必须热爱你的工作。热爱你的工作,你才会珍惜你的时间,把握每一个机会,调动所有的力量去争取出类拔萃的成绩。

杰森是纽约一所著名大学的毕业生。大学毕业时,他暗下决心，一定要扎根在这个人人羡慕的繁华大都市并做出一番事业来。他的专业是建筑设计，本来毕业时是和一家著名的建筑设计院签了工作意向的，但由于那家设计院在外地，杰森最终还是放弃了。如果去了，他会受到系统的专业训练和锻炼，并将一直沿着建筑设计的路子走下去。可是一想到几十年在一个不变的环境里工作，或许永远没有出头之日，杰森彻底断了去那里工作的念头。

杰森在纽约找了几家建筑公司，大公司不要没有经验的刚出校门的学生，小公司杰森又看不上，无奈只好转行，到一家贸易公司做市场。一段时间后，由于业绩得不到提高，身心疲惫的杰森对工作产生了厌倦情绪。但心高气傲的他觉得如果自己单干肯定会更好，于是他联系了几个朋友一起做建材生意。本以为自己是"专业人士"，做建材生意有优势，可是建筑设计与建材销售毕竟是两码事。不到一年，生意亏本了，朋友们也因利益关系闹得不欢而散。

无奈之下的杰森只好再换工作，挣钱还债。由于对工作环境不满意，几年下来，杰森先后换了几次工作，他对前途彻底失去了信心。杰森现在专业知识已忘得差不多了，由于没有实践经验，再想做建筑设计几乎是不可能了。杰森虽然工作经验丰富，跨了好几个行业，可是没有一段经历能称得上成功……

现实的残酷使杰森陷入很尴尬的境地，这是他当初无论如何也没想到的。

杰森为什么一事无成？因为他总是"这山望着那山高"，一切凭兴致而定，他没有意识到真正的快乐与事业的成功都来自踏实的工作。

有句话说得好："选择你所爱的，爱你所选择的。"为了培养你对工作的热情，你需要做到以下几点：

首先，你要选择你感兴趣的工作。在选择工作时，你应该考虑自己的兴趣。如果工作在某些方面真的令你缺乏兴趣，那么，你就会对它缺少积极性。如果你并不了解自己的兴趣所在，怎样才能挖掘出自己的兴趣呢？有很多方法可以做到这一点。例如，在你目前的工作中，你最喜欢哪种类型？是和他人共处，还是不和他人共处？是智力挑战，还是解决问题？

其次，倘若你已经有一份不错的工作，那么，不妨尝试着去热爱这份工作。我们都很清楚，大部分工作都不是轻松愉快的，甚至是枯燥无味的。事实上，一份工作有趣与否，取决于你的看法，对于工作，我们可以做好，也可以做坏；可以高高兴兴骄傲地做，也可以愁眉苦脸厌恶地做。如何去做，完全在于我们。所以，何不让自己充满活力与热情地工作呢？

另外，你还需要从工作中寻找成就感。比如，如果你是教师，你可以通过观察每个学生在学习上的进步、心智的成长来获得乐趣；如果你是个医生，你可以从帮助病人消除病痛中获得快乐。你还应该认识到，在每一份工作中，我们都学到了不同的知识。

因此，无论你正在从事什么样的工作，你都应该学会热爱它，即使这份工作你不太喜欢，也要尽一切能力去转变心态，并凭借这种热爱去发掘内心蕴藏着的活力、热情和巨大的创造力。事实上，你对自己的工作越热爱，决心越大，工作效率就越高。当你抱有这样的热情时，上班就不再是一件苦差事，工作就成了一种乐趣，就会有许多人愿意信任你。如果你对工作充满了热爱，你就会从中获得巨大的快乐。

总之，对于任何一项工作，我们都不可能一开始就热爱它，最初可能还是会有些勉强。但是，我们必须要反复对自己说"我正在从事一项了不起的工作""这是多么幸运的工作啊"。这样，对工作的态度自然而然就有了大转变。

从容不迫，随遇而安

不少刚进入社会的年轻人开始认识到时间的紧迫性，于是，忙碌的他们总是不断地与时间赛跑，高度紧张的神经让他们开始疲乏，甚至身心俱疲。其实，你不妨反问一下自己，为什么不从容一点呢？

如果我们能够从容一点，做事不紧不慢，那么，便能在做事之前静下心来，厘清思绪，合理安排，做事自然也是事半功倍。

和煦的春风里，师父带着小和尚来到寺庙的后院，打扫冬日里留下的枯木残叶。小和尚建议说："师父，枯叶是养料，快撒点种子吧！"

师父说："不着急，随时。"

种子到手了，师父对小和尚说："去种吧。"不料，一阵风起，撒下去不少，也吹走不少。

小和尚着急地对师父说:"师父,好多种子都被吹飞了。"

师父说:"没关系,吹走的净是空的,撒下去也发不了芽,随性。"

刚撒完种子,这时飞来几只小鸟,在土里一阵刨食。小和尚急忙对小鸟连轰带赶,然后向师父报告说:"糟了,种子都被鸟吃了。"

师父说:"急什么,种子多着呢,吃不完,随遇。"

半夜,一阵狂风暴雨。小和尚来到师父房间带着哭腔对师父说:"这下全完了,种子都被雨水冲走了。"

师父答:"冲就冲吧,冲到哪儿都是发芽,随缘。"

几天过去了,昔日光秃秃的地上长出了许多新绿,连没有播种到的地方也有小苗探出了头。小和尚高兴地说:"师父,快来看啊,都长出来了。"

师父却依然平静如昔地说:"应该是这样吧,随喜。"

这则故事告诉每一个年轻人,人生无常,但只要我们保持内心平静,那么,无论外在世界怎样变幻莫测,我们都能坦然面对,做到不为情感所左右,不为名利所牵引,从而洞悉事物本质,实事求是。

人生就是一次旅行,在这一过程中,只有跋山涉水,不惧艰辛,走过忧郁的峡谷,穿过快乐的山峰,蹚过辛酸的河流,越过滔滔的海洋,才能走到生命的最高峰,领略美好的风景。但人的一生是短暂的,我们若总是把眼光放在远大的目标上而错过了眼前的美景,那么只能空留遗憾。

生活中的很多人一直信奉勇往直前的原则,向往着未来的、他人的生活,于是,他们总是在马不停蹄地追赶。但时过境迁,待到他们青春不再,才知道自己已经错过了生命中最美的时光。

有个成功的企业家,他的成功可谓是一路艰辛。他从十几岁就开始给别人帮工,每天都早起晚睡,整天忙忙碌碌,他好像就没有休息过,也没有参加过任何的娱乐活动,那段日子,他的梦想是将来拥有一间属于自己的铺子。

几年后,他终于开了一间铺子,生意不错。此时,他告诫自己,这是自己的生意,更不能放松,仍然起早贪黑,匆匆忙忙,休息时间更少了。他想,等将来生意做大了就会好的。

又过了几年,他的生意果然越来越大,拥有数间很大的门市,每天能达到几百万元的资金流动。此时,他更不敢放手给别人去做,还是自己苦拼,联系货源,接待客户,管理账目……忙得如同有狼在后面追一般。看他如此辛苦,家人就劝他:"你放一放可以吗?好好地休息一天,看看世界会不会大变!"

他回答:"不行,我不做时,别人会做的,前面的那些大户们我会追不上的,后面一些中小户又逼上来,放一放,我会落在后面的。"

终于有一天,他累倒了,被迫躺在病床上不能动了,以前高速运转的日子一下子停下来,他终于可以静静地想一下匆匆而过的人生了。有一次,他看到一个病人被抬进手术室再也没回来,那个病人很年轻,刚刚还与自己谈过出院后要去旅行。他看着对面空空的病床,内心不由一震,顿时大彻大悟了:人由生到死其实只是一步的事,这一步,自己却走得太过沉重了啊!一直以来,自己的名利心太重,想要的太多,然而真正得到的却很少。如果不是这次病倒,他会一直拼到五六十岁,甚至更老,没有娱乐,没有休息,最后两手空空地离开这个世界,这是一件多么可悲的事啊!

康复后,他像换了一个人似的,生意还在做,只是不那么拼命了,他不再去追前面的大户,也不怕后面的小户追上来,甚至错过一笔很有赚头的生意也不会在意,人们经常可以在高尔夫球场上看到他,有时他也悠闲地与他的家人到外地旅游。

他终于懂得了生活的意义,终于知道了放下对人生的重要意义。

然而，现实生活中的人未必能做到如此从容，因为人都是情绪化的，会被周围的人和事而影响心态。但无论你遇到什么事，都不要执迷于单向的追求，而是要学会调整心态，走上自立自足的道路。祸福本身就是互相转换的，因此，不管你现在得到了什么，失去了什么，都不要纠结于一时。心态是自己选择的，祸会转化为福，福也会转化为祸，何不敞开心扉，淡定一点呢？

你只需要努力，岁月会给你答案

我们都知道，任何事情的发展都是有规律的，人们的主观愿望与实际生活也总是有差距的。就像自然界的植物，它们的成长需要每天进行光合作用，需要接受甘露的灌溉，才能获得成果。其实，不仅是植物的成长，我们所做的每件事也是如此，有一定的规律，我们需要做的只是努力，剩下的就将一切交给时间。这是一种大气和洒脱，是一种从容和淡定。

当下的你可能正处于困惑之中，对现在所从事的工作感到迷茫、觉得毫无希望，但是你可曾问过自己：我做到百分之百的努力了吗？如果答案是肯定的，请不要焦躁，该有的总会有，成功不会遗漏任何人，总有一天会找到你。

所以，我们千万不可把自己的主观意愿强加于客观的现实中，应该学会随时调整主观与客观之间的差距。凡事顺其自然，确实至为重要。

古代，宋国有个农民，他是个急性子的人，做事总是追求速度。对于田间的秧苗，他总觉得长得太慢，闲来无事时，就会到田间转悠，看看秧苗长高了没有，但似乎秧苗的长势总是令他失望。用什么办法可以让秧苗长得快一些呢？他思索半天，终于找到一个他自认为很好的办法——把苗往高处拔拔，秧苗不就一下子长高一大截了吗？说干就干，他开始动手把秧苗一棵一棵拔高，从中午一直干到太阳落山，才拖着疲惫的双腿往家走。一进家门，他一边捶腰，一边嚷嚷："哎哟，今天可把我给累坏了！"

他儿子忙问："爹，您今天干什么重活了，怎么累成这样？"

农民洋洋自得地说："我帮田里的每棵秧苗都长高了一大截！"儿子觉得很奇怪，拔腿就往田里跑。到田边一看，糟了！早拔的秧苗已经干枯，后拔的秧苗叶子也发蔫，耷拉下来了。

揠苗助长，愚蠢之极！每一棵植物的成长都是需要一个过程的，需要我们每天辛勤地浇灌、耕耘，才能结出果实。生命的成长也是如此，千万不要违背规律，急于求成，否则就是欲速则不达。

任何一种本领的获得、任何一个人生目标的达成都不是一蹴而就的，都需要艰苦历练与奋斗的过程。正所谓"宝剑锋从磨砺出，梅花香自苦寒来"，任何急功近利的做法都是愚蠢的，做任何事情都要脚踏实地，一步一个脚印才能逐步走向成功，一口吃不成胖子，急于求成只能适得其反，结果功亏一篑，落得一个揠苗助长的笑话。

一位渴望成功的少年一心想早日成名，于是拜一位剑术高人为师。他迫不及待地问师父要多久才能学成，师父答道："10年。"少年又问如果他全力以赴、夜以继日要多久。师父回答："那就要30年。"少年还不死心，问如果拼命修炼要多久，师父回答："70年。"

少年想学成并非真的要70年，师父之所以如此回答，是因为他看到了少年的心态，少年可谓是不惜一切想尽快成功，但没有平和的心态，势必会以失败告终。渴望成功、努力追求没有错，但渴望一夜成名的心态反而会使人欲速则不达。

总之，你需要记住，无论做什么，太想成功的人，往往很难成功，太想达到目标的人，往往不容易达到目标，过于注意反而会盲目，往往欲速则不达，凡事不可急于求成。相反，以淡定的心态对之、处之、行之，以坚持恒久的姿态努力攀登，努力进取，成功的概率就会大大增加。

坚持，能让你产生蜕变的力量

自古以来，恒心被认为是一个人心理素质优劣、心理健康与否的衡量标准之一，也是人生未来成功的关键因素之一。恒心与意志品质的其他方面，如主动性、自制力、心理承受力等有一定的关系。每个人都应着力培养自己的恒心，在工作上，应当把完成自己的任务当成职责，一辈子持之以恒。

有句古话叫"行百里者半九十"，就是说无论做什么，越到最后越艰难，就像爬山，越接近顶峰越累，越容易使人放弃。成功需要坚持，古往今来，有多少功亏一篑、功败垂成的例子，失败的原因就是不能坚持，在大功告成之际，却走向了失败。

做任何事，贵在坚持，无须完美。荀子说："骐骥一跃，不能十步，驽马十驾，功在不舍。"骏马虽然比较强壮，腿力比较强健，然而它只跳一下，最多也不能超过十步，这就是不坚持所造成的后果；相反，一匹劣马虽然不如骏马强壮，然而若它能坚持不懈地拉车走十天，照样也能走得很远，它的成功在于坚持不懈。

正如托马斯·爱迪生所言，成功中天分所占的比例不过只有1%，剩下的99%都是勤奋和汗水。生活中的人们，只要我们专心致志于一行一业，不腻烦、不焦躁，埋头苦干，不屈服于任何困难，坚持不懈，就能造就优秀的人格，而且会让你的人生开出美丽的鲜花，结出丰硕的果实。

大哲学家苏格拉底有着非同常人的智慧，为此，很多人都来向他求教。

一天，一名学生问他："老师，我也想成为和您一样的大哲学家，但我怎么样才能做到呢？"

苏格拉底说："很简单，只要每天甩手300下就可以了。"

有的学生说："老师，这太简单了，别说是甩手300下了，就是3000下、30000下也可以啊！"苏格拉底笑了笑，没有说话。

一个月过去了，苏格拉底问："有多少同学每天坚持甩手300下啊？"大概有90%的人都骄傲地举起了手。

又一个月过去了，苏格拉底又问："还有多少同学在坚持啊？"这回比上次少了10%的人。

时间一天天地过去了，一年以后，苏格拉底还重复着当年的问题："请告诉我，还有同学在坚持每天甩手300下吗？"此时，大家都低下了头，因为他们都没有做到。这时，一个同学举起了手，他的名字叫柏拉图，他后来也成了像苏格拉底一样的大哲学家。有人问他成功的秘诀是什么，柏拉图微笑着说："甩手，而且甩得足够久……"

这个哲理故事告诉我们，无论做什么事，如果你想成功，就一定要做到持之以恒。没有人生下来就是伟大的人。每天坚持做同一件小事也很不容易，就像每天甩手300下，一个月大部分人能坚持，一年过去了却只有一个人能坚持，只有学习柏拉图这种坚持不懈的精神，才能成为能够做成大事的人。当你认真对待每一件小事，你会发现自己的人生之路越来越宽，成功的机遇也会接踵而来。

在坚持的过程中，你可能也会遇到一些压力和困难，但任何危机下都存在着转机，只要我们抱着一颗感恩的心耐心等待，再坚持一下，也许转机就在下一秒。

一个人要取得事业的成功，必然要经历困难和痛苦的过程。是成功还是失败，往往在于有没有耐力，有没有坚忍不拔的意志。自古以来，成功者和失败者的差异除了其他因素外，主要的区别还在于意志品质的不同。凡成大事者都有超乎常人的意志力、忍耐力，也就是说，遇到艰难险阻或陷入困境，常人难以坚持下去而放弃或逃避时，有作为的人往往能够挺住，能挺过去就是胜者。

胜利贵在坚持，要取得胜利就要坚持不懈地努力，饱尝失败之后才能成功，即所谓的失败乃成功之母，也可以说，坚持就是胜利。

同样，我们在面对自己的工作时，也应该把每天的工作都当成自己的天职并努力完成，这样才能在日积月累中提升自己。培养自己踏实、勤奋的工作作风，对于未来的人生之路是有益的。因为人生之路通常都是坎坷、充满荆棘的，你只有具备忍耐力，才能过五关、斩六将，才能取得最后的成功。

在我们的周围，有这样一些看似头脑迟钝的人，他们做起事来不知疲倦，孜孜以求，10年、20年、30年，刻苦勤奋，一心一意，率直地、诚实地、认真地、专业地努力工作。经过如此漫长且持续的努力，这些所谓头脑迟钝的人，不知从何时起，就变成了非凡的人。

这些看似平庸的人，正是因为加倍地努力，辛苦钻研，一直拼命地工作，才塑造了他们自己高尚的人格。他们并不像老虎那样迅猛，他们没有太多出众的才华，他们更像牛，笨拙、耿直、持续地专注于一行一业。这样不断地努力，不仅使他们提升了能力，而且磨炼了人格，造就了美好的人生。

因此，如果你哀叹自己没有能力，只会认真地做事，那么，你应该为自己感到自豪。看起来平凡的、不起眼的工作，却能坚韧不拔、坚持不懈地去做，这种持续的力量才是事业成功最重要的基石，才体现了人生的价值，才是真正的能力。

屏蔽外界打扰，专注手头工作

我们常听人说人生苦短，我们没有精力去经历所有事，但作为年轻人，应该趁着年轻脚踏实地，认清自己前进的方向，并沿着这一方向不断钻研，这样一定能让自己的人生更加充实和完美。格诺蒂乌斯·劳拉有一句名言："一次做好一件事情的人比同时涉猎多个领域的人要好得多。"在太多的领域内都付出努力，难免会分散精力，阻碍进步，最终一事无成。

每一位初入社会的年轻人都应培养自己专注做事的精神。人生在世，谁都希望自己走的是一条光明的康庄大道。但我们的精力是有限的，要想有所建树，就不可能关注太多，否则，只会乱了心神。

事实证明，任何一个取得成功的人，都是因为他付出了超乎常人的努力。一个人要想获得人生的幸福，那么每一天都应该勤奋工作。不但要付出努力，还需要长期坚持，只要坚持就一定能够获得不可思议的成就。

然而，现实生活中，我们发现，有这样一些年轻人，他们似乎总是心浮气躁，有太多的空想，要么同时对很多事都感兴趣，要么当手头事出现阻碍时就把目标进行转移。但是，任何目标的实现，不仅需要耐心地等待，而且必须坚持不懈地奋斗、百折不挠地拼搏。切实可行的目标一旦确立，就必须迅速付诸实施，并且不可发生丝毫动摇。

为此，我们需要明白一个道理，不要有太多的空想，而要专注于眼前的工作。在多数情况下，对枯燥乏味工作的忍受应被视为通向成功最基本的原则，为人们所乐意接受。阿雷·谢富尔指出："在生活中，唯有劳动才能结出丰硕的果实。奋斗、奋斗，再奋斗，这就是生活，唯有如此，也才能实现自身的价值。我可以自豪地说，还没有什么东西曾使我丧失信心和勇气。一般来说，一个人如果具有强健的体魄和高尚的目标，那么他一定能实现自己的心愿。"

18世纪早期就读于牛津大学的圣·里奥纳多在一次给校友福韦尔·柏克斯顿爵士的信中谈到他的学习方法，并解释自己成功的秘密。他说："开始学法律时，我决心吸收每一点获取的知识，并使之同化为自己的一部分。在一件事没有充分了解清楚之前，我绝不会开始学习另一件事情。我的许多竞争对手在一天内读的东西，我得花一星期才能读完。而一年后，我对这些东西依然记忆犹新，但是他们却早已忘得一干二净了。"

成功者之所以成功，就是因为在专注的过程中，经历了沮丧和危险的磨炼，最终造就了天才。

在每一种追求中，作为成功之保证的与其说是卓越的才能，不如说是追求的目标。目标不仅产生了实现它的能力，而且产生了充满活力、不屈不挠为之奋斗的意志。世事繁杂，我们不必关注太多，只要做好手头事、着眼于当下，一步一个脚印，就会有所收获。

包维尔从小就十分喜欢摄影，大学毕业后，他对摄影到了痴迷的程度，无心去工作挣钱。从此，包维尔过着简单的生活，从不理会自己的生活是富有还是贫穷，只要能摄影就够了。他穿着破裤子，吃着最简单的汉堡包。在别人眼里，他是困苦贫穷的象征，而包维尔自己却过得异常快乐。

在27岁时，他的人物摄影技术开始登峰造极，成为世界公认的人物摄影大师，并为英国首相拍摄人物照，从此一发而不可收。至今为全世界一百多位总统、首相拍过人物摄影。请他摄影的世界名流更是数不胜数，排队等候一两年是常事。包维尔成了一个真正的世界顶尖级摄影大师。

从包维尔的故事中，我们可以看出，追求人生目标的过程中，只有内心平静、做事专注，才能从容不迫、不骄不躁地沉淀自己，才能最终有一番成就。

通常来讲，越是有所追求、越是想干点事的人，可能遇到的烦恼和痛苦就会越多，凡事达观一点，看开一点，自信一点，终会心想事成。

那些对奋斗目标用心不专、左右摇摆的人，对琐碎的工作总是寻找遁词，懈怠逃避，他们注定是要失败的。如果我们把所从事的工作当作不可回避的事情来看待，我们就会带着轻松愉快的心情，迅速地将它完成。即使是一个才华一般的人，只要他在某一特定的时间内，全身心地投入并不屈不挠地从事某一项工作，他就会取得巨大的成就。

那些攀岩成功的人都有个共同特征，那就是他们不会三心二意，也不会向下看，他们会一直努力地向上攀登，尽管脚下是万丈悬崖，他们也不会害怕。同样，无论是学习还是其他事情，都不要把注意力过分放在整件事情上，而应该先拟定一个切实可行的计划，并努力做好第一步，而后再努力做好第二步、第三步……如此各个击破，就能最终达到自己的目标。

总之，在对目标的追求中，坚韧不拔的决心是一切真正伟大品格的基础。充沛的精力会让人有能力克服艰难险阻，完成单调乏味的工作，忍受其中琐碎而又枯燥的细节，从而使他顺利通过人生的每个难关。

第8章

一步一个脚印，认认真真走完你认准的路

年轻人处在积累知识和经验的年纪，一定要懂得充实自我。相信任何一个初入社会的年轻人都能感受到，这是一个靠实力说话的时代。有了实力，你才会被重视，在工作中，你的意见和建议才会引起上级的关注。实力可以让你体会到工作的乐趣以及自己创造的价值，最关键的是可以获得幸福感。因此，年轻的朋友们，你只有从现在起，努力学习，积累知识和成功的资本，做到厚积薄发，你才会认识到体内所蕴藏的巨大潜力，才能最终实现自己的理想。

跳出条条框框，学习的真正目的是应用

有人说，世界就如同一个棋盘，而人就像一个"卒"，冲过"楚河汉界"之后方可横冲直撞，实现自己的人生价值。每个人都被一个无形的界限约束着、限制着，有的人不敢突破界限，只是规规矩矩在界内生活、工作，最终只能碌碌无为、平庸一生；而有的人却敢于突破界限，摆脱那些繁文缛节的束缚，因而他们也欣赏到了界外不一样的风景，领略了界外不一样的精彩，活出了非同寻常的精彩人生。

人类社会发展到今天，是否拥有创新精神和动手能力已成为一种判定人才的标准，创新精神已经成为一种时代精神。哈佛大学的一位专家指出：学校里学的东西是十分有限的，在工作和生活中所需要的相当多的知识与技能，完全要靠我们在实践中边学边摸索。社会是更大的一本书，需要经常不断地去翻阅。因此，年轻人，在学习的时候要注意将理论与实践结合起

来，要推进理论创新和实践创新，只有这样的学习，才是有效的、有智慧的学习。

从现在起，不管是做人还是做事，你都应该努力从书本和僵化的思维方式中走出来，积极倡导创新的思想。如果一味恪守前人的经验、模仿书本，就会使你的思维陷入僵硬的死框框，从而在固定不变的思维方式中失去发现机遇、创造机遇、把握机遇的机会，给生活与事业带来无法弥补的损失。

美国著名的作家阿西莫夫从小就很聪明。在一次智商测试中，他的得分在160分左右，被证明是天赋极高者，而阿西莫夫本人也一直为此自鸣得意。

有一次，他遇到一位老熟人，这个人是一名汽车修理工。修理工对阿西莫夫说："嗨，博士！今天我也来测测你的智商，看你能不能正确回答出我的问题。"

阿西莫夫点头同意。修理工便开始说："有一位既聋又哑的人来到五金商店，准备买一些钉子，不能说话的他只好用手势来表达自己的意思，他对售货员做了这样一个手势：左手两个指头立在柜台上，右手握成拳头做出敲击的样子。售货员见状，先给他拿来一把锤子，聋哑人摇摇头，指了指立着的那两根指头，于是售货员就明白了，聋哑人想买的是钉子。聋哑人买好钉子，刚走出商店，接着进来一位盲人。这位盲人想买一把剪刀，请问：盲人将会怎样做？"

顺着修理工给自己的思路，阿西莫夫随口答道："盲人肯定会这样。"他一边说着，一边进行了一些示范，他伸出食指和中指，做出剪刀的形状。汽车修理工一听，笑着说："哈哈，你答错了吧！盲人想买剪刀，只需要开口说'我买剪刀'就行了，他为什么要做手势呀？"

阿西莫夫顿时哑口无言，不得不承认自己确实疏忽大意了。而那位汽车修理工却继续说："在考你之前，我就料定你肯定要答错，因为你受的教育太多了，不可能很聪明。"

修理工所说的"你受的教育太多了，不可能很聪明"，并不是因为学的知识多，人反而变笨了，而是因为人的知识和经验多，会在头脑中形成较多的思维定式。

固定的思维方式容易把人的思维引入歧途，也会给生活与事业带来消极影响。要改变这种思维定式，需要随着形势的发展不断调整并改变自己的行动。任何一个有创造性成就的人，都是战胜常规思维的高手。

现阶段的你应该积累知识，但不要被这些既定的知识限制了自己的思维，要敢于想象，敢于尝试。知识和能力是相互依存、相互促进的，要意识到我们学习知识的最终目的是增强能力。为此，你需要做到：

1.掌握好理论知识

这类知识即我们从书本上学到的知识，只有强有力的理论指导，才能减少我们在实践操作中的错误。

2.做好知识与能力的转换

如果不能将所学的知识转化为能力，而是反受知识的束缚，那么知识的学习将影响我们能力的发挥，结果会与我们的初衷背道而驰。

3.不要被理论知识束缚手脚，否定自己的能力

在面对一项工作时，如果对有关知识了解不深，我们如果说"做做看"，然后着手埋头苦干，拼命地下功夫，结果往往能完成相当困难的工作。但是有些有知识的人，常会一开始就说："这是困难的，看起来无法完成。"这实在是画地自限，且不能自拔。

总之，"读万卷书，行万里路"，学习的最终目的是学以致用。任何一个初入社会的年轻人，在学习知识后都要懂得将其转换成自己的养分并运用到生活中，只有这样，我们才能将自己历练成一个动手能力强的人。

成功是优秀习惯的积累

只有一步一个脚印，踏实、不浮躁地学习，才能成为一个优秀的人，当你把优秀当成一种习惯后，你也就离成功不远了。

爱因斯坦说："人的价值蕴藏在才能之中。在天才和勤奋两者之间，我毫不迟疑地选择勤奋，她几乎是世界上一切成就的催产婆。"如果你能做到勤奋学习、勤奋做事，你必当有所收获。当今社会是一个需要人们不断学习的社会，知识的更新速度越来越快，曾有人说，"知识的半衰期仅为5年"，也就是说5年之内，掌握的知识就有一半过时。这句话无疑警示所有的人，要想在当今社会生存并发展下去，我们必须要不断地学习和充实自己，不断地更新自己的知识结构，成为一个优秀的人，否则，我们只能被时代所淘汰。

洪堡是德国著名的探险家、自然科学家，是近代气候学、自然地理学、植物地理学和地球物理学的创始人之一，他对生物学和地质学也有很深的造诣，在科学界享有极高的声誉，被人们尊为"现代科学之父"。

尽管有如此成就，洪堡却是一个十分谦逊的人。他尊重别人，从不自满，直到晚年还刻苦学习。在柏林大学的一间教室里，每当著名的博克教授讲授希腊文学和考古学的时候，课堂里总是挤满了学生。在这些青年学生中间，人们常常会看到一位身材不高、穿着棕色长袍的老人。这位白发苍苍的老人也像别的学生一样，全神贯注地听课，认真地做着笔记。晚上，在里特教授讲授的自然地理学课堂里，也经常出现这位老者的身影。有一次，里特教授在讲一个重要地理问题时，引用了洪堡的话作为权威性的依据。这时，大家都把敬佩的目光投向这位老人。只见他站起身来，向大家微微鞠了一躬，又伏身课桌，继续写他的笔记。原来，这位老人就是洪堡。

洪堡的优秀来自他孜孜不倦地学习，把学习当成一种习惯。实际上，优秀就是一种习惯，需要我们主动去培养。据研究，一个习惯的培养平均需要21天，只要我们认真坚持，好习惯就会养成。这就相当于说我们吃了21天的苦，却得到了一辈子的甜，这是一个很值得且很高效的事情。

任何习惯一旦养成，就是自动化的，如果你不去做反而会感觉很难受，只有做了才会感觉很舒服。因此，关于好习惯的培养，你不妨给自己订一个计划，然后用日程本记下自己执行计划的过程。那么，21天后，你将养成好习惯，坚持21天，你就会成功。坚持21天，就能改变你的意识，影响你的行为，为你带来超乎想象的成功，你又何乐而不为呢？

那么年轻人，你该怎样主动培养成功的习惯呢？

1.变懒惰为勤奋

如果你是个懒惰的人，不妨做出以下改变：不要天天让家人给你拿碗筷；闲暇时做点家务；每天整理干净再出门，不要给人邋里邋遢的印象；学习时，变被动为主动，积极起来……

2.养成读书的习惯

除了必须掌握的书本知识外，你还要多阅读课外书籍。多读书最大的好处就是可以增长知识，陶冶性情，修身养性。

3.让好奇心引导你探求知识

可能你觉得现在自己已经具备了很多知识，但事实真的如此吗？人生的知识并不完全是书本上的，你真的对周围生活和自然等各个方面都了如指掌吗？如果你觉得自己什么都懂，你多半不会是一个谦虚的人。实际上，越是知识渊博的人，越是发现自己的知识少，越是充满好奇的人，越是对未知充满敬畏，也就越谦虚。

4.勇于创新

骄傲自满，你将很快被超越。只有不断进步才能获得更强的竞争力。然而，没有创新就不可能进步。因此，你应该将自己的求知欲望和兴趣激发出来，鼓励自己多动脑、动手、动眼、动口，善于发现问题、提出问题，并尝试用自己的思路去解决问题。

当然，任何习惯的形成和改变，都是艰难的，但只要我们坚持一段时间，一旦习惯形成，它就会成为一种自动化的、下意识的行为反应了。

学无止境，终身学习

关于努力学习、勤奋读书的重要性，人们已经用很多文字诠释过了。苏格兰散文家卡莱尔曾经说过："天才就是无止境刻苦勤奋的能力。"没有艰辛，便无所获。年轻的时候就是学习和积累的阶段，年轻人应该抓住时间的缰绳努力充实自己。

每一个初入社会的年轻人都需要明白，真正的知识是没有尽头的，正如有句话说："吾生也有涯，而知也无涯。"如果你想不断适应变化速度不断加快的当今社会，就必须坚持学习，把学习当成一项终身的事业，并把这项事业贯彻到每天的生活中，如衣食住行一般。

正所谓"活到老，学到老"。终身学习，才能不断进步。一切事物随着岁月的流逝都会不断折旧，人们赖以生存的知识、技能也一样会折旧。唯有虚心学习，才能够成功掌握未来。求知与不满足是进步的必需品。

著名画家齐白石90岁高龄仍然坚持挥毫作画，每天至少5幅。他把"不叫一日闲过"这句话写成一幅字，挂在墙上借以自勉。

一次，齐老过生日，由于他学生、朋友满天下，从早到晚，客人络绎不绝。白石老人笑吟吟地送往迎来，等到送走最后一批客人，已是深夜了。老人感到很疲倦，便歇息了。

第二天齐老一早起床，顾不上吃早饭就走进画室，摊纸挥毫，一张又一张地画着。家里人几次催他吃饭，他都说别急。齐老直到画完5张后才吃了饭，饭后他又继续作画。家里人怕他累坏了，说："您不是已画了5张吗？怎么还要画呢？""昨日生日，客人多，没作画。今天追画几张，以补昨日的'闲过'呀。"说完，白石老人又认真地画了起来。

齐白石已为画坛成功者，年迈之时仍不忘勤奋，这正是告诉我们：奋斗不分年龄，只要你把握现在。

世上没有绝对的成功，只有不断地努力，才能让你的成功之路走得更快更远。年轻的朋友们，从现在开始努力吧。一个人的工作也许有完成的一天，但一个人的学习却没有尽头。

总之，终身学习能帮助我们不断拓展自己的学习领域，开拓自己的视野。子曰："好学近乎知（智）。"学习是一种习惯,终身学习则是一种理念,兴趣是成功的一半。一个人一旦树立起终身学习的理念,就会认同"万事皆有可学"这个道理。年轻人要坚定"奋斗不息,学习不止"的信念,日复一日,沿着知识的阶梯步步登高,养成丰富自己、重视学习的习惯。

解放思维,灵活应变

"物竞天择,适者生存",这是自然界生物进化的基本规律。生活中的年轻人,在这个变化、竞争的时代,如果你能适应这种变局,你就是生活的强者,反之,就会面临巨大的危险。如果不能适应变化和竞争,无论你看起来多么强大,都会有被淘汰的危险。其实道理大家都明白,每个人都想从残酷的竞争中脱颖而出,成为时代的强者。但真正做起来却很难,这需要你头脑灵活,及时调整思维,积极适应不断变化的外界环境。

有一位身材矮小、相貌平平的青年叫卡纳奇。一天早晨,卡纳奇到达办公室的时候,发现一辆被毁的车阻塞了铁路线,使得该区段的运输陷于混乱与瘫痪状态。而更糟的是,他的上司、该区段段长司哥特又不在现场。

卡纳奇当时还只是一个送信的邮递员,面对此事该怎么办呢?守职的办法是,或者立即想办法去通知司哥特,让他来处理；或者是坐在办公室里干自己分内的事。这些都是既能保全自己的工作，又不至于承担风险的做法。因为调动车辆的命令只有段长司哥特才能下达，其他人干了，都有可能受处分或被革职。但此时货车已全部停滞，载客的特快列车也因此延误了正点开出的时间，乘客们十分焦急。

经过认真、反复思考后，卡纳奇将自己的工作与名声放到一边，他破坏了铁路规则中最严格的一条，果断地处理了调车领导的电报，并在电文下面签上名字。当段长司哥特赶到现场时，所有客货车辆均已正常通行，所有的事情都有条不紊地进行着。他吃了一惊，一句话也没有说。

事后，司哥特从旁人口中得知卡纳奇对于这一意外事件的处理，感到非常满意，他由衷地感谢卡纳奇在关键时刻的果断抉择。

这件事对貌不惊人，甚至有点丑陋的卡纳奇来说是一个关系终生的转折点。此后，他便被提升为段长。

可见，一个能灵活处世、善于变通的人，他们勇于向一切规则挑战，敢于打破常规，因此他们往往可以赢得他人无法得到的胜利。

对于"与时俱进"这一词，相信每一个年轻人都耳熟能详，它的含义是，无论做什么都要懂得变通。我们生活的时代每天都在变化，守旧的思维模式只能让我们被时代抛弃。自古以来，人类的进步就是因为能做到与时俱进，能做到思维的创新；人类如果故步自封，就只会停滞不前。同样，能不能做到思维上的与时俱进，也直接关系到一个人事业的成败，因为只有创新才能激活自己全身的能量。

诚然，激烈的社会竞争，是离不开胆魄、勇气、意志力的，也需要思想和智慧。没有头脑的人，一旦遇到阻碍，就会为自己提前设定一个"不可能"的结论。而事实上，只要你转换一下思维，拓宽自己的思路，出路就在眼前。

在漫长的人生旅途中，任何人都不能不面对变化，不能不面对选择。学会变通，不仅是做人之诀窍，也是做事之诀窍。那么，生活中的年轻人，你该怎样提高自己的思维变通能力呢？

1.关注前沿信息，更新观念

日常工作中，你除了努力工作、学习外，也要关注时事新闻，关注周围世界的变化。这样，你才能逐步更新自己的观念并强化自己的变革意识。

2.鼓起勇气应对变化

勇气的作用就是调动自己全部的力量去迎接变化和挑战。一个人要想学会变通，首先必须鼓起勇气。勇气是人的一种非凡力量，它虽然不能具体地去处理某一个问题、克服某一种困难,但这种精神和心态却能唤醒你心中的潜能,帮助你应对一切变化和困难。

3.要有信心开发潜能

所谓信心,是指对行动必定成功的信念。如果你是一个充满信心的人,你有信心克服困难,有信心获得成功,那么,你身上的一切能力都会为你的目标去努力,你也就有可能成为你希望成为的样子;反之,如果你缺乏信心,总认为自己没有能力去做这一切,那么,你的一切能力也就会随之沉寂,你自然就成为一个没有能力的人。

4.善于改变自己的思维定式

人的思维方式,常常出现两大定势:一是直线型思维,不会拐弯抹角,不会逆向思维和发散思维;二是复制型思维,常以过去的经验为参照,不容易接受新鲜事物。

实践证明,不管你有没有觉察到,不管你是愿意还是不愿意,每个人都在时时刻刻寻求变通,不同的是,善于变通的人越变越好,而不善于变通的人却是越变越差。我们只要掌握了变通之道,就可以应对各种变化,在变化中寻找机会,在变化中取得成功。有人说,生活其实就是一面变幻莫测的魔镜,就看你想如何改变。如果你总是想着生活不如意,那么不顺心的事就会不断向你袭来。如果你能适应变化的环境,调整好自己的情绪，变幻的魔镜将会助你摆脱挫折，越过障碍，远离烦恼，迎接你的将是灿烂的阳光，美丽的鲜花，你的心情也将会随之轻松愉悦。

生活中的年轻人，如果你希望自己能适应现在的工作、生活乃至整个社会环境，你需要明白"适者生存"的道理，并要积极思考，随时调整自己。只有这样，你的梦想和目标才会在社会大潮中实现，你才会收获成功和幸福！

你拥有的知识越多，越能赢得成功

人们常说"知识改变命运"，是的，任何人的一生，如果不获取知识，他的灵魂就是浅薄的，他的眼光就是短浅的。现代社会，任何人都应该积极地汲取各种知识，只有这样才能不断丰富自己的头脑。同样，每个年轻人，你的人生才刚刚开始，若想获得一个成功的人生，就要积累基础知识，全身心投入到你现在的生活和学习中。未来靠的是现在，现在做什么，怎样做，要达到什么目标，都决定着未来是怎样的。因此，你要记住，不要急功近利，要努力、认真过好每一天，如此持之以恒，五年、十年过去后就会结出硕果。

人的潜能是无限的，它犹如一座待开发的金矿，蕴藏无穷，价值无比。一个人最大的成功，就是他的潜在能力得到最大程度的发挥。

我们要想朝着自己的梦想一步一步地努力迈进，就需要尽可能地发挥自己的潜能。如果你认为自己的能力还不足以让自己获得成功，那你就更应该充满激情地努力学习，让自己得到不断提升。

著名科学家皮埃尔·居里同样是年轻人的榜样，他的经历告诉我们，充满热情地学习，会给你带来无穷的力量。

皮埃尔·居里于1859年5月15日出生于巴黎的一个医生家庭。他在童年和少年时期，并没有显示出与众不同的聪明。那时候的他喜欢个人沉思，不易改变思路，沉默寡言，反应缓慢，不适应普通学校的灌注式知识训练，不能跟班学习，人们都说他心灵迟钝，所以他没有进过小学和中学。

父亲常带他到乡间采集动物、植物、矿物标本，培养了他对自然的浓厚兴趣，也让他学到了如何观察事物以及阐述观点的初步方法。居里14岁时，父母为他请了一位数理教师，他的数理进步极快，16岁便考得理学学士学位，进入巴黎大学后两年，又取得物理学硕士学位。1880年，他21岁时，和哥哥雅克·居里一起研究晶体的特性，发现了晶体的压电效应。1891年，他研究物质的磁性与温度的关系，建立了居里定律。他在进行科学研究时，还自己创造和改进了许多新仪器，例如，压电水晶秤、居里天平、居里静电计等。

一个人爱好学习，勤奋读书，就会学有所获。皮埃尔·居里的成功让我们明白：任何人，只要充满了学习的热情，无论外在条件多么艰苦，他们都能汲取到知识的营养。

人们常说，"金子在哪里都会发光"，但你若希望自己大放光彩，首先你就要把自己历练成一块金子，如果毫无真才实学，你是无法成为别人敬仰的对象的。如果你想在信息技术行业认识一些前辈级的人物，那么，你首先应该提高自己在编程和逻辑思维方面的能力；如果你想在金融行业站稳脚跟，你就应该时刻做到对金融业相关知识了如指掌；如果你想成为一名令人尊敬的教师，你首先就应该在传道、授业、解惑上孜孜不倦……"机遇留给有准备的人"这句话是有道理的。美国篮球名将乔丹对此深有体会，他说："机会是为有准备的人而准备的。抓紧所有的时间，让力量发挥到极致，那些斑斓多彩的机会，就会一个个来到这些人面前了。"因此，现阶段，你要做的就是为未来做准备，充实自己的内在。

任何一个意气风发的年轻人，对于自己的未来，都有着伟大的理想并满怀信心。理想能指导行动，让你的努力有一条明晰的主线，但对于未来的憧憬，你必须落实到今天的努力中。如果你每天都在展望自己的未来而不踏实工作、生活，那么，你只会思维迟缓，陷入人生的陷阱。

要做到积累知识，年轻人，你需要做到：

1.多主动请教他人，看到自己的不足

一个人取得成就后，容易自满，看不到自己需要改进之处。那么，你可以主动请教他人，让他人从旁观者的角度帮你指正。一般情况下，对方都乐于向你传授经验和教训。

2.积累知识的同时，切实提高自己各方面的能力

你在拓展知识视野的同时，还应该培养自己各种抗挫折的能力，形成较完善的人格，这对于提高自己的自理能力、交往能力、学习能力和应变能力都有很大的帮助，也有助于为你独自战胜困难提供勇气和方法。

第9章

你真正需要打败的，是内心懦弱的自己

中国有句古话：人皆可以为舜尧，意思是说，只要你树立必胜的信心，就能够战胜任何困难，成为杰出的人。当一个人失去自信的时候，就难于做好事情，当人什么也做不好时，就更加不自信，这是一种恶性循环。若想从这种恶性循环中解脱出来，重建自信心，你不妨先从最有把握做好的事情做起，用不断取得的成功来建立自己的自信心。

战胜了自己，你将无所畏惧

"要战胜别人，首先须战胜自己。"这是智者的座右铭。人生路上，我们会遇到一些挫折，但我们的敌人不是挫折，不是失败，而是我们自己，是我们内心的恐惧。如果你认为你会失败，那你就已经失败了。自己给自己说丧气话，说自己不行的人，遇到困难和挫折，总是为自己寻找退却的借口，殊不知，这些话正是自己打败自己最强有力的武器。一个人只有把潜藏在身上的自信挖掘出来，时刻保持着强烈的自信心，才能够战胜困难。成功者之所以成功，是因为他与别人共处逆境时，别人失去了信心，而他却下决心实现自己的目标。

在为梦想奋斗的过程中，你可能会偶尔感到恐惧，但这更多的是自己吓自己。在做任何事之前，不要总是设想一个糟糕的未来，毕竟任何事，只有真正去做了，才会有成功的希望，如果还没行动就开始担心失败，那么你的人生注定是一片荒凉。

美国著名将领艾森豪威尔将军说:"软弱就会一事无成,我们必须拥有强大的实力。"不正面迎战恐惧,直面挑战,你就得一生一世躲着它。尺有所短,寸有所长,人最大的敌人是自己。只有能够战胜自我的人,才是真正的强者。

在困难面前,逃避恐惧往往无济于事,只有正面迎击,才能更好地解决困难。有时你会发现,那些所谓的困难与麻烦只不过是恐惧心理在作怪,每个人的勇气都不是天生的,没有谁一生下来就是充满自信的,只有勇于尝试,才能锻炼出勇气。

有一次,卡兰德看着善于游泳的朋友们在阳光下嬉戏,忽然有一种不舒服的感觉涌上心头。卡兰德告诉他们,自己怕晒黑,所以不想下水。朋友们笑着怂恿他:"不要因为怕水,你就永远不去游泳……"

阳光照在他们水滑滑、光亮亮的肌肤上,他们像海豚一样骄傲地嬉戏着,而卡兰德其实并不想躲在没有阳光的阴影里看着他们的快乐,他觉得自己是个懦夫。

一个月后,朋友邀卡兰德到一个温泉度假中心,他鼓足勇气下水了。卡兰德发现自己没自己想象中那么无能,但他仍不敢游到水深的地方。

"试试看,"朋友和蔼地对他说,"潜到水下,看会不会沉下去!"

于是，卡兰德试了一下。朋友说得没错，在意识清醒的状态下，想要沉下去、摸到池底还真的不容易。真是奇妙的体验！

"看，你根本沉不下去，淹不死。为什么要害怕呢？"

卡兰德若有所悟。从那天起，他不再怕水，虽然目前不算是游泳健将，但游个四五百米是不成问题的。

和卡兰德一样，当遇到困难时，你也可以克服恐惧。"现实中的恐怖，远比不上想象中的那么可怕。"在面对困难时，当然要考虑事情的难度所在，但过度思虑就会将原本的困难放大，因此便会产生恐惧。假若你能减少忧虑困难的时间，并着手解决手上的困难，你会发现，事情远比你想象中简单得多。任何成功人士，都是靠勇敢面对多数人所畏惧的事物，才出人头地的。美国著名拳击教练达马托曾经说过："英雄和懦夫同样会感到畏惧，只是英雄对畏惧的反应不同而已。"

人们面对恐惧的表现之一通常是逃避，而试图逃避只会使得恐惧加倍。任何人只要去做他所恐惧的事，并持续地做下去，直到有成功的记录做后盾，他便能克服恐惧。既然困难不会凭空消失，那就勇敢去克服吧！

要摆脱恐惧心理，你可以从以下几个方面着手：

首先，树立自信心。自信心是战胜胆怯退缩的重要法宝。胆怯退缩的人往往是缺乏自信的人，对自己是否有能力完成某些事情表示怀疑，结果可能会由于心理紧张、拘谨，把原本可以做好的事情弄糟了。

其次，告诉自己"我能行"。生活中，一些年轻人常常说"我不行"。而他们之所以会有这样的意识，有两个方面的原因：一是自我意识，二是外来意识。当他们经常被长辈和周围的人灌输"你不行"的时候，他们就会真的认为自己不行。要摆脱这种恐惧，你必须在内心反复暗示自己："我能行。"

总之，"物竞天择，适者生存"，当今社会是一个处处充满竞争的社会，一个有作为的人必定是一个敢想敢做的人，而你首先要做的就是消除内心的恐惧，这样才可以毫无畏惧，战无不胜。

尝试你未涉足的领域，能获得勇气

在日益开放的全球化的世界中，随机性和偶然性越来越大，社会发展日新月异，难以捉摸。在如此不确定的环境里，勇气就成了最宝贵的资源。人这一生最可悲的不是没有能力，而是没有勇气。当机遇一次次擦肩而过时，如果没有勇气去抓住，那么其他方面的能力再强也只能被浪费掉。相反，有了充足的勇气，哪怕自己的条件比不上别人，成功的机会也比别人更多。

你要记住，无论你失去什么，都不能失去勇气。而勇气并非与生俱来，需要你在日常生活中逐渐培养，你可以尝试做一些你没有做过或者不擅长的事，这是一种对自我的挑战，如果胆小怕事，就不可能获得成功。风险中必然有困难，但困难中蕴藏着巨大机会的种子。

小周是个聪明的小伙子，他因学历较高被聘用。但入职以后的他却表现平平，无论做什么事，他总是前怕狼后怕虎，什么都不敢尝试，只要是有点难度的工作，他都说自己做不好。后来，上司就再也不把重要任务交给他了。他成了办公室里的"多余人"。

时间过得飞快，一转眼几年过去了，公司里也招进来很多新人，这些新人锐意进取，一个个都表现得比小周优秀，他感到了前所未有的危机，但他还是不敢接受稍有风险的工作。再后来，大家都忘记了办公室里还有他这样一个老员工。听说公司近期要精简人员，也许那时会第一个想起他来。

恐怕任何一个年轻人都不想落得和小周一样的悲哀下场，那就勇敢地迈出"划时代"的一步吧！一切都将改变。

古今中外，任何一个成功者，都具有一些共同的特质：积极主动，敢作敢为。同样，任何一个人，无论现在处于什么样的境况，要想在未来社会竞争中脱颖而出，你就需要勇气。

有这样一些年轻人，他们总是说自己很勇敢，而到真正可以表现自己勇气的时候，却左右迟疑，就连在例会上大胆发言都做不到，这不是真的勇敢。因为勇敢不是停留在语言上的，而是要用行动去证明的。很多时候，我们不能改变现状，不能改变世界，但是我们可以改变自己的心态。改变自己，以热情的心和敢闯的勇气来面对一切，你的世界会呈现别样的精彩！

年轻人，青春就该激扬奋斗，你应该敢想敢做，不要被自己的心所限制，大胆地做你不敢做的事吧。为此，你可以做到：

1.走出"划时代"的一步

只要你敢于突破自己，走出那重要的一步，那么情况都将会改变。因此，大胆尝试吧，不妨从生活中的小事开始改变。

比如，以前在例会上，领导让你发言，你可能会认为，一旦回答错了或者表现不好，会被其他同事笑话，于是，你每次都暗示自己："等下次再发言吧。"就这样，很多表现自己能力的大好机会被白白浪费，而且你又缺乏信心，会越来越丧失信心和勇气。你如果要彻底改变，那就大胆地发言吧！

2.多做一些不曾做过的事

做曾经不敢做的事，本身就是克服恐惧的过程。如果你这次退缩、不敢尝试，那么，下次你还是不敢，你将永远都做不成这件事。只要下定决心、勇于尝试，就证明你已经进步了。在不远的将来，即使你遇到很多困难，但你的勇气一定会帮你获得成功。

3.尝试做一些不喜欢做甚至是不敢做的事

有些人总是屈从于他人，不敢鼓足勇气尝试没有做过的事情，时间久了就会误以为自己生来就喜欢某些东西，而不喜欢另一些东西。尝试做一些自己原来不喜欢做的事，你会品尝到一种全新的乐趣,进而慢慢从旧习惯中摆脱出来。关键要看是否敢于尝试,是否能把自己的想法贯彻到底。

4.告诉自己:胜利就在下一秒

困难和挫折可以摧毁一个人,也可以成就一个人,就看你以怎样的心态面对。而心态的积极与否,需要你自己选择。你可以在心里暗示自己:成功就在下一秒,坚持,再坚持,就能看到光明!

超越自卑,别让它阻挡你前行

你是一个自卑的人吗?回答这个问题之前,我们先来读这样一个故事:

很久以前,有个农夫,他每天都要去山下挑水。他有两个木桶,一个完好无损,另一个却裂开了一条缝。农夫每次到山下的河边挑水时,总会出现这样一个情况:一头是满满当当的一桶水,一头只有半桶水。这时候有裂缝的桶就感觉到无比痛苦、自卑。

有一天,有裂缝的水桶终于跟主人一吐心中的不快:"我很自卑,每次只能让您挑回来半桶水。"

农夫惊讶地说:"那你有没有注意到,你那边的花草长得茂盛且美丽,而另外的一边草木不生,你的确有缺陷,但你的缺陷可以让我一路上欣赏许多美丽的风景啊!"

对于这个问题,你是怎么看的呢?如果你也能看到这些

"美丽的花草"，那么，你就不是自卑的人。

一般情况下，人们的自我评价，往往是根据自己和他人的评价两个方面形成的，人们由此认识到自己的长处和短处。然而，有的人在与他人比较的过程中，经常喜欢拿自己的短处与别人的长处比较，而结果往往是自惭形秽，越比较越泄气。只看到自己的不足，而忽视自己的长处，久而久之就会产生自卑感。

自卑是一种消极的自我评价。生活中，有这样一些已把自卑当成习惯的年轻人：他们不愿和别人主动来往，做任何事情都缺乏自信，没有竞争意识，享受不到成功的喜悦，看事情总是看到不好的那一面，对任何事都心灰意冷。他们还常常低估自己，即使他们很优秀，也会觉得自己很失败，而且他们容易受别人的影响，如果别人对他们的评价较低，他们就会相信别人的评价，从而产生自卑感，导致自己悲观失望，不思进取，甚至沉沦。

没有人是毫无缺点的，如果我们将缺点无限放大，那么，它将会侵蚀我们的心，阻碍我们成功，我们就会长久自卑；而如果我们能正视缺点，并将缺点限制在一定的范围内，它就会成为我们努力和奋斗的催化剂，助我们成功。

自卑不仅是一种情绪，也是一种长期存在的心理状态。它会让人心情低沉，郁郁寡欢。有自卑心理的人，在行走于世的过程中，心理包袱会越来越重，直至压得人喘不过气。因为不能正确看待自己、评价自己，他们常害怕别人看不起自己而不愿与人交往，也不愿参与竞争，只想远离人群。他们缺少朋友，甚至自疚、自责、自罪；他们做事缺乏信心，没有自信，优柔寡断，毫无竞争意识，享受不到成功的喜悦和欢乐，因而感到疲惫、心灰意冷。

可能你也发现，在你的周围，那些自信的人，总是精神焕发、昂首挺胸、神采奕奕、信心十足地投入生活和工作当中去。他们用积极的心态面对现实生活中的不幸和挫折，用微笑面对扑面而来的冷嘲热讽，他们用实际行动维护自己的尊严。这一切都淋漓尽致地表现出自信者的气质，表现出一种坦然、坚定而执着的向上精神。

如果你是个自卑的人，怎样才能摒除自卑，重新找回自信的自己呢？最重要的就是要全面客观地认识自己，也就是不仅要看到自己的优点，也要看到自己的缺点，并客观地给予评价。要做到这一点，除了自己对自己进行评价，还要注意从周围人身上获取关于自己的信息。这些人可以是我们的父母，可以是我们的朋友，也可以是我们的同事。只有这样，我们才能够逐步形成对自我的全面客观的认识。

首先，你要学会正确审视自己、肯定自己。

其次，你要全面地接纳自己。接纳自己的优点，而容不下自己的缺点，是很多人容易犯的错误。一个人首先应该自我接纳，才能为他人所接纳。真正的自我接纳，就是要接受所有好的与坏的、成功的与失败的。不妄自菲薄，也不妄自尊大，不卑不亢，才能健康地发展自己，逐步走向成功。

你还需要积极地完善自己的不足。这些不足，指的是某些"内在"上的，如学识、技能、素质等。

此外，对于别人对你的批评，你需要理性地看待。人的一生中难免会遭到别人的批评，如果你对别人的批评很在意，心理上就会很难过，越辩就越黑；如果你以理性的态度、开放的心态去接受，心情反而会坦然。

无论如何，不要怀疑你的信念

关于未来，我们每个人大概都有自己的构想，都希望自己能够出人头地，成为社会的可用之材。但随着物质生活条件的改善，很多年轻人被父母长辈过度地呵护，反而容易形成自卑、封闭、孤独的心境。面对生活，尤其是在遇到失败、挫折后，面临"恶劣"的环境无情打击，他们以自己是个"不行"的人为理由，选择逃避，认为自己没有能力解决所面对的问题。当然，这种心态产生的原因是多方面的，但你必须要树立信心，多经受生活的历练，方能发现自己非凡的才能。

自信具有一种魔力，它能让人产生积极向上的生活态度和努力拼搏的热情。如果你希望成为自己想要成为的人，那么，首先要树立坚定的信心。

无论你希望自己将来成为什么样的人，都要相信自己一定能做到。自信的人到哪里都光彩夺目，你要告诉自己：我是最棒的。拥有这样的信念，无论何时，你都能有优秀的表现，都会挖掘出你意想不到的潜力。试想，一个对自己的未来都没有强烈信心的人，又怎么能征服别人呢？

美国钢铁大王卡耐基，少年时代从英格兰移民到美国，他当时真是穷透了。"我一定要成为大富豪！"正是这样的信念，使得他在钢铁行业大显身手，而后涉足铁路、石油，成为商界巨富。

信念是一种无坚不摧的力量，当你坚信自己能成功时，你必能成功。很多人一事无成，就是因为他们低估了自己的能力，妄自菲薄，以至于缩小了自己的成就。信心能让人充满勇气，获得成功的契机；信心是成功的基石，让我们克服所有的障碍。

一位音乐系的学生走进练习室。在钢琴上，摆放着一份全新的乐谱。

"超高难度……"他翻着乐谱，喃喃自语，感觉自己对弹奏钢琴的信心似乎跌到了谷底，消磨殆尽。他跟从这位新的指导教授已经三个月了！他不知道为什么教授要以这种方式整人。他勉强打起精神，开始用自己的十个手指头奋战、奋战、再奋战……琴音盖住了练习室外面教授走来的脚步声。

指导教授是个极其有名的钢琴大师。授课的第一天，他给了自己的新学生一份乐谱。"试试看吧！"他说。乐谱的难度颇高，学生弹得生涩僵滞、错误百出。"还不熟，回去好好练习！"教授在下课时，如此叮嘱学生。

学生练习了一个星期，第二周上课时正准备让教授验收，没想到教授又给了他一份难度更高的乐谱，"试试看吧！"上星期的功课教授提也没提。学生再次挣扎于更高难度的技巧挑战。

第三周，更难的乐谱又出现了。同样的情形持续着，学生每次在课堂上都被一份新的乐谱所困扰，然后把它带回去练习，接着再回到课堂上，重新面临两倍难度的乐谱，却怎么都追不上进度，一点也没有因为上周的练习而有驾轻就熟的感觉。学生感到越来越不安、沮丧和气馁。

教授走进练习室。学生再也忍不住了，他必须向钢琴大师提出这三个月来何以不断折磨自己的质疑。

教授没开口，他抽出了最早的那份乐谱，交给学生。"弹奏吧！"他以坚定的目光望着学生。

不可思议的事情发生了，连学生自己都惊讶万分，他居然可以将这首曲子弹奏得如此美妙、如此精湛！教授又让学生试了第二堂课的乐谱，学生依然呈现出超高水准的表现……演奏结束后，学生怔怔地望着老师，说不出话来。

"如果我任由你表现最擅长的部分，可能你还在练习最早的那份乐谱，不可能有现在这样的程度……"钢琴大师缓缓地说着。

人往往习惯在自己熟悉的领域表现自己的能力并驾轻就熟。但如果我们自信一点，把压力转化为动力，那么，我们便能挖掘出无限的潜力，甚至可以超水平发挥！曾经有位军人这样说："我打了那么多次胜仗，其实说起来毫无秘密，因为我总能看到希望。"这就是信念的力量。

人的潜力是无限的，如果你对自己有足够的信心，你就会发挥出自己的潜能，发现自己原来可以做到很多事情；如果你想拥有辉煌的人生，那就把自己扮演成你心里想成为的那个人，让一个积极向上的自我意象时时伴随着自己。

生活中的每一个人都要有成功的强烈愿望，只有这样，你才会让他人更容易相信你的能力，因而也会获得更多的锻炼机会，也会更容易成为一个有能力的人。

除非你放弃，否则你就不会被击垮

英国著名剧作家王尔德曾说："自信和希望是青年的特权。"这句话告诉我们：年轻人应该是富有青春气息和活力的，应该充满自信，对未来满怀希望。无论发生什么事，无论身处多么困难的境地，自信和希望都能引领我们渡过难关。生活中的每一个年轻人，你的人生旅程才刚刚开始，一定要把自己培养成一个自信、勇敢的人。

一个人能否做成、做好一件事，首先要看他是否有一个好的心态，以及是否能认真、持续地坚持下去。信心足、心态好，办法才多。所以，信心多一分，成功多十分；投入才能收获，付出才能杰出。当然，成功、卓越的人只有少数，失败、平庸的人却很多。那是因为成功的人在遭受挫折和危机的时候，仍然是顽强、乐观和充满自信的，而失败者往往会选择退却，甚至是甘于退却。我们应该学会自信，成功的程度取决于信念的坚定。

有时候，你可能自信心不够，可能一件事情还没做，便开始考虑失败的后果，这样必然会导致内在潜能得不到充分的调动与发挥。要避免与摆脱这种心理上的失衡，就必须时时表现出一种强者的风范，敢于面对困难与挫折，并始终怀着必胜的信念去克服困难，坚定不移地朝着成功的目标前进。因而可以说，有意识地培养自己的"强者"意识，是度过心理危机的良方。

林肯出身很卑微，相貌很丑陋，言谈举止都不招人喜欢。这些现状都让敏感的林肯感到很自卑，最终，他决定靠自己的力量来补偿这些缺陷，他拼命自学以弥补早期的知识贫乏和孤陋寡闻。他潜心读书，尽管他的视力大不如前，但知识的营养却让他开始充满自信。他最终摆脱了自卑，并成为有杰出贡献的美国总统。

每个人都有历尽沧桑和饱受无情打击的时候，却很少有人能像林肯那样百折不回。每次竞选失败过后，林肯都会激励自己："这不过是滑了一跤而已，并不是死了爬不起来了。"这些不仅是克服困难的力量，更是林肯最终享有盛名的利器。林肯的一生书写了一个伟大的真理：除非你放弃，否则你就不会被打垮。

可见，我们只有摒弃自卑，才会成为强者。我们也一定要记住洛克菲勒的话，"世界上没有一样东西可取代毅力。才干不可以，怀才不遇者比比皆是，一事无成的天才很常见；教育也不可以，世上充满了学无所用的人。只有毅力和决心无往不利"。

有一个国际探险队准备攀登马特峰的北峰，在此之前，从来没有人到达过那里。

记者对这些来自世界各地的探险者进行了采访。

记者问其中的一名探险者："你打算登上马特峰的北峰吗？"他回答说："我将尽力而为。"

记者问另一名探险者："你打算登上马特峰的北峰吗？"这名探险者答道："我会全力以赴。"

记者问了第三个探险者同样的问题。他说："我将竭尽全力。"

最后，记者问一位美国青年："你打算登上马特峰的北峰吗？"这个美国青年直视着记者说："我将要登上马特峰的北峰。"

结果，只有一个人登上了北峰，就是那个说"我将要"的美国青年。他想象自己到达了北峰，结果他的确做到了。

信念上超前一些，行动就会领先一步，成功的概率也就更大。成功的秘诀就是，当你对成功的欲望就像你对空气的需要那样强烈的时候，你就会成功。

威尔逊有句名言："要有自信，然后全力以赴！假如具有这种观念，任何事情十之八九都能成功。"在现代社会，任何一个人，要想成就一番大业，只凭单枪匹马的拼杀是不够的，需要众多人的支持和合作，这样，自信就显得尤为关键。一个人只有首先相信自己，才能说服别人来相信你；如果连自己都不相信自己，那就意味着你已失去在这个世界上最可靠的力量。

我们发现，那些成功者在成功前，都曾受到过冷落和轻视，但是有自信的人却能够看淡这一切，继续走自己的路，没有人不是经过一番努力才获得成功的。"天下没有免费的午餐"，天下更没有"不劳而获"的事情，你要有自信，并坚定地走下去。

畅销书作家刘墉曾经有过这么一段经历：

他的第一本书《萤窗小语》写完之后，原本打算找出版社出版，但没有得到任何回应，后来，他不得不自己花钱印刷出版，没想到的是，他的书大受欢迎，连当初拒绝他的出版社都大吃一惊。

对于自己今天的成就，刘墉说："当你站在这个山头，觉得另一座山头更高更美，而想攀上去的时候，你第一件要做的事，就是走下这个山头。"所以，即使今天的刘墉已经成功了，但他并没有放弃自己所坚持的，不会因别人的眼光而改变，这才是真正的自信。

无论任何时候，唯有自己相信自己的才华，别人才可能相信你。若你自己都放弃了自己，别人又怎么能信任你呢？

总之，世上最可怕的不是敌人，而是你自己，脆弱的心是你最可怕的敌人，只有充满自信，内心充满希望，才可以驱散眼前的阴影，使人漂浮于人生的泥沼中而不致陷入污泥，才能收获满满的阳光。现在的你正是风华正茂、朝气蓬勃的年纪，应该给内心注入满满的力量，以轻快的步伐迎接人生的种种挑战。

第10章

以梦为马，
你终会抵达理想的彼岸

每一个人都要尽早为自己树立一个梦想，而最重要的是，无论你拥有什么样的理想，都不要轻易舍弃它。只有坚持，你才能最终用自己的力量去创造自己的美好人生。

找到你的奋斗目标,再找到行动的方法

我们都明白,一个人的思维方式决定了一个人的行为方式。思维决定目标,目标指导行动,行动铸就结果。然而,如何做事呢?有人曾这样说:"做正确的事,然后正确地做事。"做正确的事让你知道自己正在向哪个方向前进;正确地做事告诉你怎样到达目的地。所以,做事的准则就是:找对方向,确定目标,做对事,即先找到奋斗目标,再找到行动的方法。

人生不能没有目标,如果没有目标,你就会像一艘黑夜中找不到灯塔的航船,在茫茫大海中迷失方向,只能随波逐流,达不到岸边,甚至会触礁而毁。而在做任何一件事前,我们也都必须做好计划,计划是为实现目标而需要采取的方法、策略,只有目标,没有计划,往往会顾此失彼,或多费精力和时间。我们只有树立明确的目标,制订出详尽的计划,投入实际

的行动，才能最终走向成功。

小陆已经是两年来第五次跳槽了。在这两年的时间里，她先后从事了性质不同的四份工作：民办学校的教师、教育机构的咨询员、办公器材的销售员、保险的推销员。这四份工作只有做教师与她的专业对口，其他工作都是在招聘单位急需用人而她也急需工作的时候入职的，那时单位不考虑她的专业，她也不考虑工作的性质，她只看薪水和招聘单位的承诺，只要薪水满意或者未来的薪水可以达到她的要求，她就会去做这份工作。

就这样，她走马灯似的换了四家单位，换了四种工作。

这一次，小陆拿着她的中文简历找到一个猎头，希望猎头能帮她翻译成英文简历。她说她选中了一家各方面都不错的外资企业，薪水尤其诱人，所以想制作一份英文简历试试运气。

这位猎头一看这份简历，发现小陆用的还是她大学毕业时的简历，只是在工作经历一栏多了几行字，也只有从工作经历里才能看出这不是一个应届毕业生。猎头摇了摇头。

看到猎头的反应，小陆也不禁叹了口气。她知道，自己的四份工作经历其实都没有什么说服力，为了不显得自己跳槽太过频繁，她还把四份工作捏合成了两份，但内容依然简略，毕竟自己确实没有在工作中得到什么成长。这样一份简历对于之后的求职怕是没有什么助力的，但小陆现在后悔又有什么用呢？

单从小陆工作的种类上来看，她所从事的职业无疑是多样的，经历也是复杂的。但是这些经历很难让人信服，为什么会这样呢？因为她没有明确自己的职业目标，不知道自己要做什么，能做什么，最终导致失去职业发展方向。小陆的经历告诉年轻人，我们要掌握在职场的主动权，最主要的就是要有一份职业规划。你需要明确制定未来三年、五年甚至十年、二十年的职业目标，给自己的职业生涯一个定位。这就是职业规划的作用，它使你能时刻感知自己真实的存在。

美国的一位心理学家曾经指出："如果一个铅球运动员在比赛的时候没有目标，那么，他的成绩一定不会很好。如果他心中有一个奋斗目标，铅球就会朝着那个目标飞行，而且投掷的距离就会更远。"这个比喻非常形象，它具体地说明了我们做事确立目标的重要性。当我们有了追求的目标时，才会有不懈的努力，向心中既定的目标前进。

那么，生活中的年轻人，具体来说，你该怎么做呢？

1.制订完善的计划和标准

要想把事情做到最好，你心目中必须有一个很高的标准。

在决定事情之前，要进行周密的调查论证，广泛征求意见，尽量把可能发生的情况考虑进去，以尽可能避免出现漏洞，直至达到预期效果。

2.计划不要超过实际能力，而且内容要详尽

例如，如果你想学习英语，那么你不妨制订一个学习计划，安排星期一、星期三和星期五下午5：30开始，听20分钟的英语录音磁带，星期二和星期四学习语法。这样一来，你每个星期都能更实际地接近你的目标。

3.做事要有条理、有秩序，不可急躁

急躁是很多人的通病，但任何一件事，从计划到实现，总有一段所谓时机的存在，也就是需要一些时间让它自然成熟。假如过于急躁而不甘等待，经常会遭到破坏性的阻碍。因此，无论如何，我们都要有耐心，压抑那股焦急不安的情绪。

4.立即行动，勤奋才能产生效率

我们都知道勤奋和效率的关系。在相同条件下，当一个人勤奋努力工作时，他的效率肯定会大于他懒散时的工作效率。高效率的工作者都懂得这个道理，所以，他们能够实现别人难以达到的目标。

始终热爱你的工作，你就是为成功添砖加瓦

我们都有自己的梦想，都希望做出一番成就。为此，不少人选择创业，这确实是一条不错的圆梦之路，但现实生活中更多的是那些在平凡岗位上工作的人，其实，始终勤勤恳恳地工作，何尝不是一种成就自己的方式呢？创业之所以能带给我们喜悦，是因为创业能带来收获，而热衷于自己的工作，也是一种付出，也会带给我们成就感。

可能现在的你正在从事一项枯燥而烦琐的工作，也许你也羡慕那些创业成功的人，然而，如果能够做一行、爱一行，你也是一位成功者。苏格拉底说："不懂得工作真义的人，视工作为苦役。"这句话告诉我们，工作是否能为我们带来快乐，取决于我们对工作的看法。快乐的秘密，不在于做你所爱的事，而在于爱你所做的事。当你能做到为自己工作、为明天积累时，你将拥有更大的发挥空间，更多的实践和锻炼

的机会；找到工作中的乐趣，能够让你在工作岗位上更主动更积极地处理各项事务，为自己不断开创新的工作机会和发展空间。

有一个人死后来到一个美妙的地方，这里能享受到一切他不曾享受过的东西，还有数不尽的佣人伺候他，他觉得这里就是天堂。可是过了几天这样的生活后，他厌倦了，于是，对旁边的侍者说："我对这一切感到很厌烦，我需要做一些事情。你可以给我找一份工作吗？"

他没想到，他所得到的回答却是摇头："很抱歉，我的先生，这是我们这里唯一不能为您做的。这里没有工作可以给您。"

这个人非常沮丧，愤怒地挥动着手说："这真是太糟糕了！那我干脆去地狱好了！"

"您以为，您在什么地方呢？"那位侍者温和地说。

这则寓言故事告诉我们：失去工作就等于失去快乐。但令人遗憾的是，有些人却要在失业之后，才能体会到这一点，这真不幸！

因此，我们都要明白，工作本身并没有高低贵贱之别，在职业上也不分尊卑。当你体会到自己努力工作、拼命劳动的意义时，自然会得到快乐，这是任何东西都不能代替的。而有的人认为自己所做的工作没有意思或者讨厌自己的工作，因而对工作挑三拣四，这样的人一辈子都不能全身心投入工作之中，也就不能享受人生的真正喜悦。

如果你对工作充满了热爱，你就会从中获得巨大的快乐。设想你每天工作的8小时，就等于在快乐地游玩8小时，这是一件多么惬意的事情！

工作不仅为我们提供了生存的机会，还让我们找到了在社会中的价值。但实际生活中，并不是所有人都能认识到这一点，他们或因为报酬不理想而放弃现在的工作，或在现有的工作岗位上"做一天和尚撞一天钟""得过且过"，因为他们工作就是为了每月按时发放的薪水，而你想过没有，你工作得快乐吗？

接下来的四个步骤供你参考，让你反省自己是否拥有良好的工作状态。试着用一点点时间来思考一下，也许你会为你所发现的真相感到惊讶。

首先，保持良好的精神状态迎接每一天的工作。你要始终保持不甘落后、积极向上、奋发有为的精神状态，清醒地认识自己肩负的责任，怀着时不我待、只争朝夕的紧迫感和食不甘味、寝不安席的责任感，树立强烈的事业心和进取意识。如果你只把所从事的工作当成一个混饭吃的营生，那么，你就很难有工作积极性,也就很难做好工作。

其次,不要只把注意力放在金钱上。钱是赚不够的,因此,我们不要把眼光只放在薪资的多少上,而是应该多关注自己创造的价值,工作带给你的成就感和满足感应该超越金钱上的报酬。

再次,找出你在工作上的重要价值。当初你为何会接下这份工作?如果这只是一份临时的工作,你是否认真考虑将来你真正想做的是什么?然后问你自己:因为我的投入,这份工作是否不一样?

检讨自己为何做现有的工作并不代表你不满意这份工作,只是做一些自省。这样的省察会带出良性的工作成就感、加深自我实现的意志,并让自己知道自己真正在做什么。

最后,敢于问自己:我做这份工作值得吗?如果在工作中,你根本发现不了自己喜爱的部分,你正尝试着换另外一份工作,那么,你或许应该考虑一下,是不是由于以下原因:你是不是找错了在工作中努力的方向?你是否喜欢工作中的自己?若答案为否,你能够做一些改变吗?或者问题是出在工作本身吗?你是否要换到另一个部门工作?是否有其他的原因使你无法完成该做的工作?也许你只需要重新调整好关注点,审慎地选择你该花费的时间。

对于工作，我们可以做好，也可以做坏；可以高高兴兴、骄傲地做，也可以愁眉苦脸、厌恶地做。如何去做，完全取决于我们。所以，何不让自己在工作中充满活力与热情呢？

有勇有谋，年轻人做事不能蛮干

这是一个充满机遇和诱惑的时代，要想获得成功，首先需要的就是勇气。纵观那些辉煌的成功案例，可以发现成功者们都有一个共同的特质，那就是富有激情、敢于冒险，在与风险的博弈中获得了成功。可能一些渴望成功的年轻人会认为，有斗志、有激情就能成功。其实，一个真正成功的人，也必然是一个充满智慧的人。新时代，智慧才是力量。做事离不开智慧谋略，而智慧谋略往往能够决定你究竟能有多大成功率。打仗要有勇有谋，做事更是如此。在很多情况下，有谋比有勇更为重要。高尔基指出："唯有思考才能开发出智慧的潜能，才能撞开才智的大门。"

在工作中，我们经常会发现有这样两种人：第一种是埋头苦干，但始终不见成效的人；第二种人则能轻松地完成任务，赢得荣耀。即使是同一项任务，后者也可以不费吹灰之力，而前者还没有开始就时不时出现这样或那样的问题。其中的关键，就在于后者用大脑在工作，想方法去解决问题。只有在工作中主动想办法解决困难和问题的人，才能成为公司和单位中最受欢迎的人。

石油大王约翰·洛克菲勒幼年时过着动荡不安的生活，他跟随父母搬迁过好几个地方。11岁时，父亲因一桩诉讼案而出逃。父亲"失踪"后，11岁的洛克菲勒就担起了家里的生活重担。

后来，洛克菲勒在商业专科学校学习了三个月，学会了会计和银行学之后，就辍学了。从学校出来，他到休伊特-塔特尔公司做会计助理。洛克菲勒把工作当成了学习的机会，他认真地听休伊特和塔特尔讨论有关出纳的问题。每次在公司交水电费的时候，老板只看总金额，洛克菲勒却要逐项核查后才付款。一次公司高价购买的大理石有瑕疵，洛克菲勒巧妙地为公司索回了赔偿。休伊特很欣赏他，就给他加了薪。

一次，洛克菲勒从一则新闻报道中得知，由于气候原因英国农作物大面积减产。于是他建议老板大量收购粮食和火腿，老板听从了他的建议，公司因此而获取了巨额的利润。洛克菲勒要求加薪，却遭到了休威的拒绝，于是洛克菲勒决定离开公司去创业。当时洛克菲勒只有800美元，而创办一家谷物牧草经纪公司至少也得4000美元。于是他和克拉克合伙创业，每人各出2000美元。洛克菲勒想办法又筹集了1200美元，才凑够了2000美元。这一年，美国中西部遭受了霜灾，农民要求以来年的谷物作抵押，请求洛克菲勒的公司为他们支付定金。公司没有那么多资金，洛克菲勒从银行贷款，满足了农民的需要。经过一年的苦心经营，最终获利4000美元。

如今，洛克菲勒中心的53层摩天大楼坐落在美国纽约第五大道上。这里也是标准石油公司的所在地。标准石油公司创立之初仅有5个人，而今天该公司拥有股东30万人，油轮500多艘，年收入已达五六百亿美元，可以说，这里的一举一动牵动着国际石油市场的每一根神经。

比尔·盖茨把洛克菲勒作为自己唯一的崇拜对象："我心目中的赚钱英雄只有一个名字，那就是洛克菲勒。"有人说："美国早期的富豪，多半靠机遇成功，唯有约翰·洛克菲勒例外。"因为他懂得用智谋取胜，有一双发现机会的慧眼。他从为别人打工开始，就显示出了与众不同的智慧。后来他又从"英国农作物大面积减产"这一信息中发现了巨大的商机。只有全身心地投入到工作中，不断思考怎样把工作做好的人，才能拥有一双发现机会的慧眼。

可见，成功总是属于那些智慧的人，而不是莽夫。智慧的人从不打无准备之仗，因此，在决定做某件事情前，一定要挖掘足够的信息，然后才能够准确预测出"有所作为的风险"和"无所作为的风险"，这样的冒险才是最智慧的选择，才能使自己立于不败之地！

一些年轻人凡事积极进取，但做事欠缺考虑，就很容易走弯路。实际上，只有用理性指导激情，才会让成功来得更容易。

克劳塞维茨说："只有通过智力的活动，即认识到冒险的必要而决心去冒险，才能产生果断。"敢想敢做，只有勇者才能事事在先，时时在前，跟紧社会，做时代的弄潮儿。每个初入社会的年轻人，若想在当今的社会立足，有所成就，就要不畏惧风雨，不怕挫折，不惧坎坷。但勇敢不等于鲁莽，不等于粗野，它是一种骨气，是一种真正的浩然正气。因此，你不仅需要勇气，还需要智谋，还要有思维清晰的头脑，这样才能审时度势，运筹帷幄，决胜千里。

年轻人，从现在开始，无论做什么事，都用心、用脑去做吧。为此，你需要做到：

1.注意方法

西点军校的布莱德雷说："不仅要达到目的，更要注意方法。"要善于观察、学习和总结，仅靠一味地苦干，只埋头拉车而不抬头看路，结果常常是原地踏步。

2.敢于突破

在做事的过程中,我们一定要学会思考,在这个急剧变化的时代,过去一直遵循的行事方式很可能不再是指引未来行动的金科玉律,而要发现这一点,再也没有什么方法比努力思考、多提问题更好了。

在赞叹洛克菲勒的成功时,我们也应该受到启发。面对挑战时,成功者的选择往往看上去有些冒险,甚至有些不可思议。但若仔细观察,便可发现他们行为背后的智慧,而勇气与智慧,正是他们成功的秘诀。

跳出思维限制，你将看到全新的世界

生活中，我们都有这样的经验，遇到一些棘手的问题，我们常沿着自己的思路寻找解决方法，但结果却是不尽人意甚至走进了死胡同，而当我们回过头来反省时，却发现，原来有一个极为简单的方法。有些原本看似错综复杂的问题，是我们的思维为其装上了复杂的外壳，如果我们能改变视角，转换思维，那么问题便能迎刃而解。

现代社会，思维是一切竞争的核心，因为它不仅会催生创意，指导实施，更会在根本上决定成功，能为我们提供改变外界事物的原动力。如果你希望改变自己的状况，获得进步，那么首先要从改变思维开始。

现在，我们来试想一下，当提到铅笔的用途时，你能想到些什么呢？可能你会说"书写"，但实际上，这只是铅笔的通常用途，你至少可以得出这样一些答案：绘画、当发簪、做书签、当尺子画线，它削下的木屑可以做成装饰画，在遇到坏人时，削尖的铅笔还能作为自卫的武器……所以，千万不要以为铅笔只有写字一种用途。这就考验了你的思维能力。

19世纪的美国西部曾掀起了一阵淘金热，千万人涌入，虽然成功者不少，但在历史上留名的却很少。但是围绕淘金热成为富人的卖水的人、卖牛仔裤的人，却成了一个个传奇被后人敬仰。原因就在于，淘金者干的是力气活，围绕淘金服务的成功者，干的是脑力活，善于思维者才能不断成功。牛仔裤的发明者李维·施特劳斯，就是淘金热时期的不朽传奇。

施特劳斯年轻的时候，带着梦想前往西部追赶淘金热潮。一天，他突然间发现有一条大河挡住了他往西去的路。苦等数日，被阻隔的行人越来越多，到处是怨声一片。而心情慢慢平静下来的施特劳斯突然有了一个绝妙的创业主意——摆渡。由于大家急着过河，所以没有人吝啬一点小钱坐他的渡船过河，他人生的第一笔财富居然因大河挡道而获得。

一段时间后，摆渡生意开始冷淡。施特劳斯决定继续前往西部淘金。来西部淘黄金的人很多，但西部缺水，可似乎没有人为此做什么，所以，水在这个地方成了最珍贵的东西。他又想出了另一个绝妙的主意——卖水，不久他卖水的生意便红红火火。后来，同行的人越来越多，终于有一天，在他旁边卖水的一个壮汉对他发出警告："小伙子，以后你别来卖水了，从明天早上开始，这块地盘卖水的生意归我了。"他以为那人是在开玩笑，第二天仍然来了，没想到那家伙立即走上来，不由分说，便对他一顿暴打，最后还将他的水车也一起拆烂。施特劳斯不得不再次无奈地接受现实。然而当这个壮汉扬长而去时，他却立即开始调整自己的心态，调整自己注意的焦点，于是，他又有了一个绝妙的主意——把那些废弃的帐篷收集起来，洗干净后缝制成衣服，那么一定会有人愿意买。就这样，他缝成了世界上第一条牛仔裤。从此，他一发不可收，最终成为举世闻名的"牛仔大王"。

生活中，一些人为了考虑问题更加全面，会给问题设置很多规则，而这些规则对于问题的解决却是障碍。为此，你必须解放自己的思维，尝试着从新的角度去思考。

当然，你若想获得灵活的思维，就必须锻炼自己，以下是几条建议：

首先，敢于否定，打破传统思维。曾有人这样诠释创新："你只要离开常走的大道，潜入森林，你就会发现前所未有的东西。"成功的创新，总是包含着创新者强烈的创新意识。要摆脱传统观念和惯性思维的局限，就要鼓励自己打破思维禁锢，突破常规的路线，激活创新的意识。

其次，善于变通，敢于尝试。变通思维是创造性思维的一种形式，是创造力在行为上的一种表现。思维具有变通性的人，遇事能够举一反三，闻一知十，做到触类旁通，因而能产生种种超常的构思，提出与众不同的新观念。科学领域中的任何建树，都需要以思维的变通为前提。一般来说，善于运用变通思维，就会起到一种"柳暗花明"的奇妙作用。

总之，生活中最大的成就是不断地自我改造，以使自己悟出生活之道。在很多情况下，外物是无法改变的，我们能改变的就是我们的思想。在人生道路上，遇到问题，要学会改变视角、转换思维，这样就能得到解决问题的更好方法。

忙碌，不是停止学习的借口

在科学技术飞速发展的今天，知识竞争力已经成为一个人、一个企业，甚至一个国家能否在竞争中获胜的重要因素。而知识尤其是信息技术的更新速度之快，常常让我们应接不暇，危机每天都会伴随我们左右。初入社会的年轻人，也应该有这种危机意识，为此，你只有从现在起，如饥似渴地学习、学习、再学习，即便再忙也要坚持学习，并把学习当成一辈子的事，才能使自己丰富和深刻起来，才能赢得灿烂的明天和成功的未来。

可能现在你各方面都很优秀，但是千万不能停止学习，激烈的竞争要求你不断进步，而求知与不满足是进步的第一必需品。生命有限，维系成功的唯一法门在于终身学习，在新的方向不断探寻、适应以及成长，这样，你才能步入新的高度，否则，你将被未来社会淘汰。

只有趁着年轻努力学习，只有稳扎稳打学好各种知识，才能从从容容地去休闲、去游玩、去消遣。如果年轻时就开始忙着吃喝玩乐，不干正事，不务正业，那么，只能"书到用时方恨少""少壮不努力，老大徒伤悲"了。

要坚持学习，你首先需要把学习融入生活和工作中去。

曾有个青年问苏格拉底："怎样才能获得知识？"

苏格拉底将这个青年带到海里，海水淹没了年轻人，他奋力挣扎才将头探出水面。苏格拉底问："你在水里最大的愿望是什么？"

"空气，当然是呼吸新鲜空气！"

"对！学习就得使上这股劲儿。"

成功，取决于人的能力；而能力，则取决于人的学习。归根到底，成功取决于学习。不断地学习知识，正是成功的奥秘！但学习来不得半点虚伪，只有把学习融入生活中，引起足够的重视，才能有所成效。

当然，学习和工作是分不开的，学习是为了更好地工作。

找到一份工作不容易，能"站住脚"更难，如果因为继续深造耽误了目前的工作，那么就不会有相应的业绩，没有业绩，怎么保证以后能够获得更好的职位呢？所以，学习和工作不该有任何冲突，学习是为了更好地工作。

再者，你要随时留意身边那些可以学习的内容。学习不一定要脱离现在的工作，因为年龄、经济等条件不允许，我们不可能再重回纯粹的学生时代。随用随学，做有心人，留心身边的人和事，学会随时发现生活中的亮点，并注意总结别人的成功经验，拿来为自己所用，这可能是生活和工作中能让自己进步最快的一招。

总之，跟上时代，让自己生活有趣、谈话有料的上上之策，就是不断地学习，给自己充电。一个想要变得越来越好的人，一定会努力扩大知识领域，并从中获得启示。知识不仅是力量，还像一面镜子一样可以照见自己的优缺点，让我们不仅拥有自知之明，还能具有先见之明。

参考文献

[1]莫雷.摩西奶奶给年轻人的人生哲学课[M].北京：中国法制出版社，2016.

[2]摩西奶奶.人生只有一次，去做自己喜欢的事[M].姜雪晴，译.北京：北京联合出版公司，2015.

[3]摩西奶奶.人生永远没有太晚的开始[M].老姜，张美秀，编译.北京：新星出版社，2014.